陈之林　著

乳化炸药装药机螺旋叶片参数优化设计及制造技术

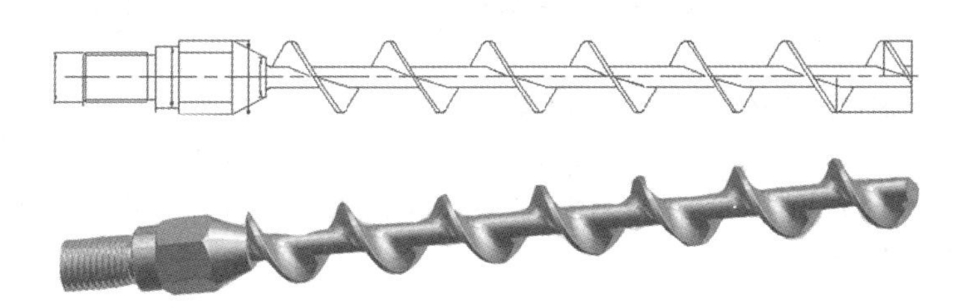

中国科学技术大学出版社

内 容 简 介

本书依据现代设计制造CAD/CAM技术，针对目前粉状乳化炸药装药机螺旋叶片易“破乳”的问题，装药机螺旋叶片传统AutoCAD设计效率低、可修改重用性差的问题以及装药机螺旋叶片依靠经验选择加工参数存在精度低、表面质量差等问题，提出了螺旋叶片基于UG参数化设计和制造的方法并开发了相关系统，能够有效缩短叶片设计周期，提高叶片产品质量，促使我国粉状乳化炸药装药机整体性能得到提升，具有很高的实用价值。

图书在版编目(CIP)数据

乳化炸药装药机螺旋叶片参数优化设计及制造技术/陈之林著．—合肥：中国科学技术大学出版社，2020.7

ISBN 978-7-312-04656-8

Ⅰ.乳…　Ⅱ.陈…　Ⅲ.①乳化炸药—装药机—螺旋叶片—参数最优化—最优设计　②乳化炸药—装药机—螺旋叶片—机械制造工艺　Ⅳ.TQ560.5

中国版本图书馆CIP数据核字(2019)第023623号

RUHUA ZHAYAO ZHUANGYAOJI LUOXUAN YEPIAN CANSHU YOUHUA SHEJI JI ZHIZAO JISHU

出版　中国科学技术大学出版社
安徽省合肥市金寨路96号，230026
http://press.ustc.edu.cn
https://zgkxjsdxcbs.tmall.com

印刷　合肥市宏基印刷有限公司

发行　中国科学技术大学出版社

经销　全国新华书店

开本　710 mm×1000 mm　1/16

印张　5

字数　87千

版次　2020年7月第1版

印次　2020年7月第1次印刷

定价　30.00元

前　　言

粉状乳化炸药是我国主要的炸药品种，但其发展却很缓慢，主要原因是装药机技术不过关。作为装药机关键部件的螺旋叶片，主要用于炸药的装药和密实，其结构和质量对炸药的性能和生产安全有决定性影响，传统的设计方法和制造工艺相对落后，产品精度低、质量差、效率不高，研究也十分匮乏。

基于此，本书依据现代设计制造 CAD/CAM 技术，提出了螺旋叶片基于 UG(unigraphics)的参数化设计和制造方法，并开发了相关系统。本书的主要内容为：

(1) 针对目前粉状乳化炸药装药机螺旋叶片易“破乳”的问题，提出了对其结构的改进方案。通过试验分析粉状乳化炸药的理化性能和粉体特性，研究螺旋叶片装药密实原理并与其他方法对比，发现螺旋结构改进为整体式，叶片截面采用变曲面，提高尺寸精度和表面质量，能有效解决问题。

(2) 针对装药机螺旋叶片传统 AutoCAD 设计效率低、可修改重用性差等问题，提出了参数化设计思想，在认真构架参数化设计方案和体系的基础上，利用 B 样条线三次曲线对叶片进行拟合，解决了 UG 叶片的造型问题，通过 C++语言对 UG 软件进行二次开发，实现了螺旋叶片 UG 参数化绘图。

(3) 针对装药机螺旋叶片依靠经验选择加工参数存在精度低、表面质量差等问题，提出了基于遗传算法 GA(genetic algorithm)的螺旋叶片 UG 参数优化加工，以建立的加工要素数据库和金属切削原理为基础，通过构架成本、效益目标优化模型，用遗传算法技术实现了螺旋叶片数控加工参数优化求解，借助 SQL Sever 2000 数据库并用 C++语言对 UG 软件进行二次开发，实现了螺旋叶片 UG 参数优化系统的创建。

(4) 列举了笔者多年的相关研究成果，特别是乳化炸药设备制造方面的新技术、新方法、新工艺。

相关成果的应用表明，本书的研究有效缩短了叶片设计周期，提高了叶片产品质量，促使我国粉状乳化炸药装药机整体性能得到了极大提升，具有很强的实用价值。

前言

目　录

第1章　绪　　论

1.1　研究起源

我国发明的炸药对人类社会文明进步和生产力提高起到了十分重要的作用。随着科技日新月异的发展，曾经占中国市场90%份额的铵梯炸药（图1.1），因含毒性成分梯恩梯（TNT）且污染环境而被逐渐弃用，代之而起的是乳化炸药（图1.2）。我国早在《全国民用爆破器材行业发展“十五”计划纲要》中就明确提出：要大力发展乳化炸药（含粉状），到2010年以前基本淘汰铵锑炸药。[1]乳化炸药不含毒性物质梯恩梯，爆炸后生成有毒气体（CO、NO_2 等）少，炮烟少，具有优良的抗水性能和贮存性能。但胶质乳化炸药在生产和使用过程中存在一些不足：稳定性较差，药态较软，黏附性强，药卷易变形，给生产、运输

图1.1　粉状铵梯炸药

(a) 胶质乳化炸药

(b) 粉状乳化炸药

图1.2　乳化炸药

和使用带来不便。[2]为克服胶质乳化炸药的上述弊端，我国20世纪90年代初期研发出具有自主知识产权的粉状乳化炸药新产品，兼具粉状炸药和乳化炸药的优点。[3]随着工艺技术的不断改进，设备功能的逐渐完善，粉状乳化炸药的性能和质量有了明显提高，近几年粉状乳化炸药的产能和市场需求以每年25%比例递增，同时也得到国外（如法国、美国、俄罗斯等国）专家和企业的青睐，因此粉状乳化炸药被国家列为重点发展的新品种。

粉状乳化炸药固有的理化性能“易破乳”，使得装药机的研究一直是行业的技术难题，也制约了粉状乳化炸药的发展。对装药机研究较多的是“大产能，高安全性”，而对螺旋叶片的研究较少。螺旋叶片是装药机的关键零部件，主要用于药粉装填与密实。炸药行业的特殊性对螺旋叶片形状、精度和表面质量等都有较高要求。目前我国粉状乳化炸药的装填与密实主要以螺旋叶片挤压工艺为主，使用的是改型后的螺旋叶片，截面为变曲面，页顶薄而页根厚，页根与螺旋轴曲线过渡。[4]目前民爆行业对螺旋叶片的设计主要是由人工在CAD上完成，这种做法存在设计效率低、叶片模型可重用性和修改性差、叶片多学科协同设计部分难以并行等问题。叶片的加工也主要是在普通铣床上由人工选择加工参数，操作人员的经验对叶片质量的影响较大，最终加工出的螺旋叶片精度低、表面质量差、螺距不均匀，而且加工周期长，表面质量难如人意。[4]叶片安装在装药机上装填炸药时，生产中施加给炸药的作用力往往波动大，从而造成药卷密度不均匀，炸药爆炸性能不稳定，根据“热点学说”理论，这容易产生乳化炸药爆炸，影响炸药生产、运输和使用的安全性。[4-5]所以，解决螺旋叶片的设计效率和加工质量问题就显得颇为重要了。

本书是针对目前民爆机械行业的实际需求而做的研究，秉承了前期的研究成果，即已经完成的科技部项目“工业粉状乳化炸药成套设备”研究，该项目国家资助78万元，研究成果在徐州矿山化工公司得到良好的应用，但遗憾的是限于资金因素，其研究重点仅是乳化炸药装药机的结构优化和性能提高，对装药机构的螺旋叶片参数设计与制造未进行深入研究。本书为解决乳化炸药装药机螺旋叶片的设计和制造中存在的上述缺陷，作为前期科技部项目研究内容的延伸和拓展，研究基于UG的参数化建模和加工参数优化，旨在提高螺旋产品的质量，缩短其生产周期，所以研究来源于生产实际，具有很强的应用价值。主要研究内容有以下三个方面：

(1) 粉状乳化炸药装药机螺旋叶片结构研究。

(2) 乳化炸药装药机螺旋叶片参数化及系统开发。

(3) 基于 GA 的螺旋叶片 UG 参数优化。

众所周知，随着 CAD/CAM 技术的发展，许多工程领域都引入了参数化设计和加工参数的优化，参数化研究是当下的热点问题，但目前在民爆设备的整个范畴还未见引入这项技术的报道，尤其是螺旋叶片的设计和制造水平较低，引入并研究螺旋叶片 UG 参数化很有必要。本书使用参数化设计思想和理念，通过分析论证螺旋叶片的模型特征，旨在开发螺旋叶片 UG 参数化设计与制造系统，不仅解决了传统叶片设计制造存在的问题，也为后续相关行业进一步开展螺旋叶片的三维设计与制造研究提供了便捷，同时将参数化技术应用于炸药设备行业，具有引领行业进步和示范的作用。

1.2 国内外研究现状与水平

本书介绍的主体螺旋叶片属于装药机构，并为乳化炸药装药机所用。因此，国内外研究现状与水平分析包括三个部分：粉状乳化炸药装药机与装药机构、装药机螺旋叶片 UG 参数化研究、共性的参数化建模设计与制造的研究发展。

1.2.1 装药机及螺旋叶片

国外露天开采主要使用的是深孔爆破法，用装药车直接向炮孔填充浆状或乳化炸药，其中能够代表世界矿业技术与装备先进水平的矿用现场混装乳化炸药技术和配套装药车，是由美国埃利克(IRECO)化学公司研制生产的 PP 型乳化、浆状炸药两用混装车，适用于大中型露天矿爆破，类似于一个生产露天爆破用“爆破剂”的可移动式工厂。[6] 国外小药卷粉状乳化炸药装药机应用较少，世界上技术最先进的要数迪博泰 RC-12 高速旋转卡式装药机，其产能大、自动化程度高、安全可靠，装药机采用一个带有综合安全功能和运行控制编程功能的 SIMENS S7-300 控制系统，用户可以轻松地对机器的各种功能进行设置和调整，装药主体是螺旋叶片结构，是我国乳化炸药装药机所无法比拟的，它是由有“现代化高速炸药包装机的鼻祖”之称的美国多福集团迪博泰公司研制的。[7] 我国岩石开采和煤矿炮采多使用浅眼爆破法，并且国家标准《乳化炸药》(GB 18095－2000)、行业标准《小直径药卷炸药技术条件》(MT/T 931－2005)等都对药卷规格作了具体规定：外径

32 mm±1 mm、35 mm±1 mm,质量 150 g、200 g。[8-9]装药机不仅是炸药生产的必要设备,还一直是行业的研究重点和难点。早在 2005 年我们就申报科技部项目“工业粉状乳化炸药成套设备”,并通过鉴定,其中包括研制大产能粉状乳化炸药装药机,装药机构是螺旋叶片。目前,国内粉状乳化炸药装药机主要有以下几种:

(1) 单头螺旋装药机。

(2) 六头全自动装药机。

(3) F10 型全自动粉状乳化炸药装药机。

以上几种都是螺旋叶片装药。

在装药机构的研究方面,国内研究使用振动法、射流法和螺旋法。所谓振动法是先将一定量的炸药散料装入纸筒,然后与纸筒一起振动,从而使炸药密实,炸药密度的均匀性和效率取决于合适的振压时间和次数,国外未见报道,振动法和射流法尚未在国内采用。[10-11]尽管资料[12]剖析了乳化炸药装药机螺旋叶片装药的不足,但大量的文献检索和市场调查证明:乳化炸药装药机研究和使用较多的装药机结构仍是运用螺旋原理,主体仍是螺旋叶片,而且应用历史最长,特点最突出,性能最稳定。国外乳化炸药装药机也大多是螺旋装药,如山西某厂引进的德国 NIEPMANN AG 公司生产的 SLEEVEX 型装药机;浙江某厂引进的德国 Poly-elyp 制造的乳化炸药自动灌装系统;云南某厂引进的美国 Kartridgpak 公司集成的 44 型 KP 装药机等。[13]

1.2.2 螺旋叶片参数化

目前我国使用的粉状乳化炸药装药机大部分属于国产,江西萍乡火工机械有限责任公司生产的 RZY-16 型乳化炸药装药机,是目前应用数量最多的一类,该机型的主要缺陷是产能小,其螺旋叶片的设计主要靠人工,制造主要在普通铣床上借助分度头进行,设计制造精度皆达不到性能要求,所以装填的药卷密度均匀性欠佳;北京金源恒业公司生产的 EL20-1 型乳化炸药装药机,性能可靠,针对推药螺旋叶片的设计,使用 AutoCAD 绘制二维工程图,普通机床加工[14];杭州强力公司生产的 RHZ25 型乳化炸药装药机,采用了矩阵排列 25 支下药管总成,螺旋叶片的设计应用 UG 软件三维建模,并通过 UG 处理后在数控铣床上加工,产品质量比较好。另外还有河北石家庄晓进公司生产的装药机,北京洋航科贸有限公司生产的 CAP-A11 型装药机等，其螺旋叶片也都类似于上述普通设计和制造。

总的来说，我国乳化炸药装药机的螺旋叶片设计、制造水平较低，技术人员缺乏，基本没有使用UG参数优化设计和加工参数优化制造。

1.2.3 UG参数化建模及加工参数优化

目前，参数化设计是CAD研究热门的应用技术之一，这是由参数化设计本身的许多优点所决定的，如它更贴近于并行设计和概念设计，设计效率高，具有交互式和自动绘图功能等，许多场合衡量CAD的优劣主要看能否进行参数化设计。在设计的初期，设计人员通常是根据设计需求在脑海中构造出结构和形状，预先拟出草图，用参数对设计对象的结构、形状和大小进行约束，第二次设计可以在第一次的设计的基础上，通过修改第一次的设计参数来改变得到新的设计对象的形状大小。所谓参数化(parameterization)，又称为尺寸驱动(size-driven)，是基于变量化的设计思想，主要应用场合是：零件或部件的形状比较定型，设计对象的几何形状和尺寸关系用一组参数进行约束，参数与控制图形尺寸之间存在着一定关系，这种关系是一种一一对应关系，设计者可以通过改变参数值来获取新的设计图形。[15]开启特征设计的是美国麻省理工学院1978年公开的一篇论文《CAD零件的特征表示》。20世纪80年代以来，面对日益复杂的工程设计，如何协调产品设计过程与产品开发集成，是设计者一直摸索解决的问题，研究发现参数化的设计方法是解决该问题的有效手段，并得到工程设计者们的公认。[16]随后各个流派和代表人物的研究开展得如火如荼：早期研究的代表人物是Sutherland，其设计思想是利用约束为辅助手段生成零件[17]；从20世纪70年代末到80年代初，以Hillyard的研究思想为主要代表，技术标志是采用修改实体变量几何法，1982年提出这一方法并给予完善的是美国的Robert Light和David Gossard研究小组，他们选取设计对象的尺寸和公差作为特征点约束，选用变量几何及几何约束理念，利用柔性过程修改几何模型，并通过尺寸和视图指定零部件形状，该方法应用于草图和系列化零件设计[18]；从20世纪80年代中期到90年代初，比较热点的研究是基于符号操作和推理机处理一般几何模型的方法，1985年，Aldefeld首次提出这个观点，即将手工绘图过程分解为一系列最基本的作图规则，通过构造计划、规则库和推理机，设计过程中利用几何推理方法，将科学简捷的作图步骤与一系列基本的作图规则相匹配，按照这种规则建立实体模型的生成顺序，得到所需要的目标设计的实体图形，这种参数化绘图方法也称专家系统研究方法[19]；20世纪90年代中期至今，在继承前人研究成果的基础上，主要研究理论的代表是韩国Pohang大学Jae Yeol Lee提出的基于知识几何推理法，国内中科院系统研究所高小山提出的全局约束传播法，其基本理论和方法是从元素集合中的已知元素着手，经过科学推理即可确定设计目标中几何元素的确切位置，且能判断约束情况。

我国对参数化的研究也越来越重视，开展这方面研究的机构较多。我国对参数化技术的研究始于航空工业，高等院校和科研院所是参数化研究的生力军和重要的支撑角色。国内学者先后提出了多种新方法、新思路和新观点。如清华大学张国伟等提出一种自由度分析的约束传播算法。[20]浙江大学葛建新博士提出变参数约束求解法。[21]吕有界等把波纹型仿生曲面应用于螺旋叶片研究。[22]山东大学孟祥旭建立参数化绘图模型，能够支持几何约束、尺寸约束、拓扑结构约束，采用的方法是扩展的有向超图结构。[23]同时参数化设计也被逐渐引入到各行各业的工程设计中，如周丰旭的"基于UG的风筛式清选装置参数化系统二次开发"，引入参数化设计于农业机械中[24]；丁柱的"基于UG二次开发的鞋楦参数化设计"，引入参数化设计于服装机械设计中等。[25]目前参数化设计技术还没有被引入民爆机械设计中。

金属切削加工参数优化技术研究，国外开展研究较早、较深入，成果也较多。加工参数优化的前提之一是要建立全面的数据库，国外20世纪70年代就开始研究并建立了切削参数数据库。如著名的美国金属切削研究联合会公司（METCUT）的MDC（machining data center，金属切削数据中心），早在1964年就成立了，历史悠久，数据量大而全，更新及时；日本建立的金属切削参数数据库具有很强的适应性，覆盖面也比较广；德国的金属切削数据库也非常有名，如德国阿亨工业大学吸取各国切削数据库的特点，于1971年建立的综合性金属切削参数数据库（INFOS），数据量大而全，世界无与伦比，迄今该库存储的材料可加工性方面的信息总量已达200万个单元数据。我国从20世纪80年代开始研究金属切削参数优化并建立参数数据库，研究机构主要集中在高等院校和专业研究机构，如北京理工大学、成都刀具研究所、南京航空航天大学等，但研究对象大多是针对普通机床的加工参数优化。如1987年9月由成都工具研究所筹建并完成的试验性车削数据库TRN10，引进了INFOS软件，1990年10月其在VAXⅡ-780系统上开发了多功能车削数据库，是我国的第一个金属切削数据库，“八五”期间又扩充改进，但在数控加工领域应用时存在的问题较多。主要有以下几个问题[26]：

（1）由于我国现代机床、刀具等信息多而杂，致使收集并保存的机床、刀具、材料、切削液等数据不全，影响系统的兼容和扩展。

（2）影响算法的因素较多，客观造成要么算法结果好但过程复杂，要么算法过程简单但优化结果难如人意，在实际加工的过程中，若要实现真正意义的优化结果，无论是方法研究还是技术措施仍需要花费很大力气。

（3）现在的数控机床品种繁多，尤其是数控系统有德国 SIEMENS、日本 FANUC、美国 A-B、中国广数及华中系统等，大部分数控仿真软件不能够提供全部数控系统的控制文件，容易导致仿真过程不合理，存在控制文件与现实数控系统脱节的现象。

（4）人机交互界面还需更进一步友好。

（5）合理确定切削参数是比较困难和复杂的。

客观上，切削参数要受到工艺系统、加工环境及人员等诸多综合因素的影响，要做得更好需要一个渐变的过程，所以目前切削参数优化选择系统的众多功能的开发利用以及科学性、有效性、适宜性还有待于提高和完善。由于切削方法、过程、需求的多样性，也会客观造成切削参数选择经验性强。在数控铣削参数优化算法方面比较主流的是遗传算法及变形遗传算法，也涉及其他的优选算法。如资料[27]中提出的“基于 QPSO 的数控加工切削参数优化”，QPSO（quantum particle swarm optimization，量子粒子群优化算法）收敛速度快，全局搜索能力强。在“基于 BP 神经网络的数控加工铣削参数优化”的研究中，在给定加工要求和工况下，采用 BP 神经网络构建数控加工铣削参数工艺模型，通过一系列优化算法对试验数据及试验样本进行网络训练求解，较为科学新颖，能有效解决加工参数优化的问题。[28-29]

总之，国内在 UG 参数化建模和三维数控加工参数优化等方面与国外相比还存在相当大的差距，本课题开展的装药机螺旋叶片 UG 参数化研究和数控加工参数优化，在民爆行业还未见这方面的研究报道。

1.3　研究内容及方法

1.3.1　研究内容

针对装药机螺旋叶片传统CAD设计存在的效率低,可重用性和修改性差,叶片加工参数人工选择,产品质量不尽如人意等缺陷,本书通过试验、分析,研究螺旋叶片与炸药性能之间的关系,确定螺旋叶片的参数、工艺、结构;进而通过UG软件的二次开发,建立基于Visual C++ 6.0的装药机螺旋叶片UG参数化设计系统,实现其参数化建模;而后根据现代金属切削理论,建立螺旋叶片加工工艺系统,运用遗传算法实现其加工参数的优选。验证结果表明:螺旋叶片的UG参数化设计和加工参数优化,可以有效地提高设计效率,降低生产成本,满足加工精度和质量要求,实现乳化炸药安全生产的目的。具体包括三个方面的研究内容:

1. 粉状乳化炸药装药机螺旋叶片结构研究

通过总结目前粉状乳化炸药装药机及推药螺旋现状,剖析优缺点,针对传统乳化炸药装药机推药螺旋叶片采用分体式结构,存在设计周期长,加工难度大,产品精度低,生产炸药具有安全隐患等弊端,基于系统分析粉状乳化炸药理化要求、粉体特性,采取试验方法得出螺旋叶片的结构、工艺与炸药性能之间的关系,通过改进螺旋叶片的结构为整体式以及变曲面截面,实现改善螺旋叶片使用性能的目的。

2. 乳化炸药装药机螺旋叶片参数化及系统开发

研究螺旋叶片特征信息模型,将设计信息和几何信息做到统一,开发基于UG的螺旋叶片参数化设计系统,实现叶片的设计数据管理和设计过程保存,通过修改参数值即可得到新的设计模型。

3. 基于GA的螺旋叶片UG参数优化

建立装药机推药螺旋叶片的数控铣削加工参数管理系统,基于Visual C++ 6.0软件和遗传算法,开发出切削参数的优化设计系统,借助于SQL

Sever 2000 数据库,自动拾取加工参数。

1.3.2　研究方法

(1) 参考已有的文献和试验,通过调研目前装药机的用户和试验,掌握装药机螺旋叶片结构形式、工艺对装药机及炸药性能的影响,获取改进的方向,再通过试验和检索大量文献资料,寻找更为有效地解决问题的方法和措施。

(2) 通过分析传统的叶身截面(叶型)设计,计算离散数据点和三坐标测量仪测绘仿制的方法、缺陷,构建基于 UG 的螺旋叶片参数化设计系统结构,这是曲面拟合的技术关键,拟采用 B 样条曲线进行叶身截面造型。

(3) 通过建立数据库,解决螺旋叶片设计系统中存在的大量构件参数与展开数据。

(4) 参考和查阅已有的国内外数控加工参数与加工零件质量之间的关系,利用学院现有数控加工中心,针对不同材质、不同刀具、不同工装,详细考察和试验加工参数,采用数理统计的方法建立加工参数数据库。应用遗传算法实现铣削加工参数的优化,可以提高叶片表面质量,加工成本明显降低。

(5) 开发出参数优化数据库系统。

1.4　研究目的及意义

粉状乳化炸药装药机是炸药生产线的关键设备之一,其技术一直制约着粉状乳化炸药的发展,是行业研究的重点、热点和难点,但时至今日仍没有突破技术瓶颈,装药机性能不可靠、稳定性差。[30]在装药结构方面,由于螺旋叶片能实现定量装药,一直是装药机的主要结构。螺旋叶片设计参数有转速、螺距、直径、升角等,传统的设计方法主要是手工借用 AutoCAD 软件绘制二维工程图,效率低、成本高、误差大、设计步骤繁琐,而且人的设计习惯不同可能会影响设计结果。[31-32]本书的研究目的就是为了克服上述缺陷和利于螺旋叶片设计后期的结构分析、工艺分析及工艺管理,便于螺旋叶片CAD/CAM/CAE/PDM 数字产品一体化,便于螺旋叶片并行工程的有效实施,通过研究乳化炸药装药机螺旋叶片参数化及系统开发,建立螺旋叶片统一数据库管理,统一设计规范和标准,实现通过参数的修改和赋值得到不同的螺旋叶片设计模型，缩短叶片乃至装药机的研发周期。叶片 UG 参数化技术的研究意义重大。

在螺旋叶片加工参数优化研究方面，民爆机械行业尚未开展这项研究。从理论上讲，切削参数又称切削用量，是切削速度、进给量和背吃刀量三者的总称，在切削过程中，刀具在高温、高压和剧烈摩擦条件下工作，使刀具磨损严重，刀具磨损是影响生产效率、工件表面质量、经济性和生产纲领的一个重要指标，而切削参数又与刀具耐用度有着密切关系，因而合理制定切削参数利于提高工件质量，降低成本。[33]确定切削参数的通常方法是根据工件材料、刀具和工艺，借助工艺手册和经验，对于重要的结构件或者大批量的产品往往还要反复进行工艺试验才能最终确定，既增加了成本，又难以适应现代生产的需求。[34]装药机螺旋叶片属于专用设备，市场需求量小，不同的炸药生产企业，可能有不同的供货合同和技术规范，螺旋叶片要适用于不同的炸药生产工艺，对螺旋叶片加工参数与其自身质量精度要求较高，尤其它又和炸药生产安全性密切相关。由于以往可借鉴的叶片工艺数据比较少，针对不同厂家和不同产品的要求，人们对螺旋叶片的工艺数据和工艺参数要进行大量试验和反复的研究，这样会增加相关企业负担，而且最终的切削参数还有可能会偏离实际。本书的研究目的就是为了更好地解决这个问题，通过选择和设定机床、刀具、材料等参数，建立数据库，运用优化算法的基本原理对切削参数进行优化，使加工装药机螺旋叶片的质量和效益提高，成本降低，通过仿真可以预先模拟生产过程，及时发现问题并解决问题，具有较强的实用性。

本书的研究基于目前民爆设备领域尚未涉足的建模的参数化设计和加工参数的优化，目的是将此引入到该行业产品设计制造的研究中，一是可以推动行业技术进步；二是可以提高产品质量，缩短设计周期，实现与国际技术对接。为此本书中的研究以金属铣削原理为基础，建立以切削参数为设计变量，以加工工艺系统为约束条件的优化系统，能够得到更高的工件表面质量和加工效率以及更低的生产成本，从根本上解决不同型式、不同结构的装药机螺旋叶片三维建模和加工制造的柔性化问题，克服现有装药机的技术缺陷，替代进口，增加厂家的选择范围，具有一定的创新性和实用价值。另外，本研究采用 Visual C++ 6.0，开发 UG 系统应用程序并实现无缝集成，大大提高了研究的应用价值和生命周期。本研究应用在粉状乳化炸药装药机螺旋叶片方面具有系统性，对我国民爆机械制造业具有一定的引领作用。

第2章　粉状乳化炸药装药机螺旋叶片结构研究

2.1　乳化炸药的基本原理和理化要求

粉状乳化炸药的基本组成包括氧化剂、可燃剂和乳化剂，具有优良的爆炸性能和抗水性能。[35]粉状乳化炸药爆轰运用了混合爆轰反应机理，即其爆轰及传播机理不仅与爆轰波形成冲击压缩状态下的化学组成直接相关，还与其混合组分的物理状态有关，如颗粒度、混合均匀性和装药密度等。因此，要保证粉状乳化炸药的良好性能，就必须最大限度地保证其微观结构以及粉体特征的完好。

粉状乳化炸药的粉体特性不仅依赖产品配方，而且与其制备工艺密切相关，如粒度、颗粒形状、松装密度、推药螺旋形式等[36]，在采用喷雾制粉、旋转闪蒸成粉及机械粉碎成粉这三种不同工艺的情况下，粉体特性的差别很大，爆炸性能也存在比较大的差异，但总的要求是一样的。[36-39]

(1) 虽然粉状乳化炸药的颗粒结构易带电，黏附性强，但其颗粒之间的黏结性宜小，在通常的输送、包装等操作中要保持粉体形态。粉状乳化炸药挤压成团后，可以用手捻开，不能呈硬块状，而且应具有较好的流散性。

(2) 应保持包覆在氧化剂表面的油膜的微观结构完好，裸露的结晶硝酸铵的用量不能过多。这是保证粉状乳化炸药性能优良的关键，因为炸药组分中含有大量的水溶性硝酸铵，必须防止或最大限度地减少其吸湿的问题，以保证炸药的爆轰敏感度和爆炸性能不至于显著恶化。

(3) 制粉后，成品的粉体粒度要达到炸药感度的要求。胶质乳化炸药的敏化是靠在其基质中化学发泡或物理充填夹带气体的空心微球等调整密度的方法来实现的，在粉状乳化炸药基质成粉的过程中，基质密度减少，与空气接触面积增大并形成夹带气泡，从而得以敏化。随着颗粒度的减少，炸药的爆轰感度增高，其他性能也发生变化。螺旋叶片在推药过程中要保持粉状乳化炸药的理化性能不变。

2.2　乳化炸药的粉体特性

保持粉状乳化炸药粉体特性完好,粉体粒度均匀,不破乳,才能保持炸药性能的可靠和稳定。影响粉体特性的因素主要与粉体操作关系密切;与装药螺旋叶片的结构、参数、精度、表面质量密不可分;与装药工艺参数如叶片转速也有一定的关系。粉体特性是粉体过程设计的基础,内容包括:粉体粒度、粉体密度、粉体强度、温度特性、静电特性等。

1. 粉体粒度

爆速和猛度是评价炸药爆轰性能的两个常用的指标,而粉状乳化炸药的粒度与爆速有非常高的相关度,试验表明叶片转速影响粒度。依照标准《工业炸药爆速测定方法》(GB/T 13228—91)规定的"测时法和导爆索法",采用标准的测时法,取 4 种样品分别称量 150 g,做成密度为 0.86 g/cm³ 的药卷,叶片转速分别为 60 r/min、50 r/min、40 r/min、40 r/min,每个样品做 4 次试验求平均值,结果见表 2.1。

表 2.1　叶片转速与粉体粒度和炸药爆速的关系

序号	叶片转速(r/min)	炸药粒径(mm)	爆速(m/s)	爆速均值(m/s)
1	60	未经筛分	3 559,3 613,3 556,3 556	3 589
2	50	0.843 筛下部分	3 870,3 751,3 713,3 870	3 800
3	40	0.333 筛下部分	4 000,4 022,4 042,4 032	4 024
4	40	0.256 筛下部分	4 140,4 200,4 250,4 250	4 210

从表 2.1 可以看出,随着推药螺旋叶片转速降低,炸药粒径变小,试验的爆速明显增大。

另外,根据乳化炸药制粉工艺的经验可知,粉体粒度与制粉工艺也有较高的相关度。粉状乳化炸药的制粉过程也是它的敏化过程,不同的制粉工艺对制成品的粒度要求也不同,只有保证粉体粒度足够小,炸药才能有足够的起爆感度。机械粉碎成粉时采用筛分法控制成品的粒度,粉体颗粒形状不规则,但接近等轴,喷雾制粉和旋转闪蒸制粉依靠气流控制成品的粒度,粉体颗粒形状比较接近球形。[40] 依靠光学显微镜在微米尺度上的形貌观察和参考相关文献，粉状乳化炸药按照制粉工艺的不同，其颗粒的尺寸区别见表 2.2。

表 2.2　粉状乳化炸药的粉体粒度

制粉工艺	颗粒尺寸(μm)
冷却固化后机械粉碎成粉	5～500
旋转闪蒸制粉	25～50
喷雾制粉	5～25

2. 粉体密度

粉体密度对爆速、殉爆等爆炸性能的影响较为显著，不同的制粉工艺生产出的粉状乳化炸药，其堆积密度也不同。表 2.3 所列出的数据是文献[41]采用的漏斗法测定粉状乳化炸药的松装密度。螺旋叶片的结构形式也影响炸药密度，炸药能够起爆的正常密度一般为 0.8～1.0 g/cm^3，过去使用的推药螺旋叶片可以移植铵梯炸药，其页根与页顶等厚，且与螺杆呈分体式，在推药的过程中，叶片对药粉的作用力不均匀，药粉的流动类似涡流，装药的密度不够均匀，基于此将螺旋叶片改进为整体式。

表 2.3　粉状乳化炸药的松装密度

制粉工艺	松装密度(g/mm^3)	颗粒尺寸
冷却固化后机械粉碎成粉	0.70～0.76	过 10 目筛
冷却固化后机械粉碎成粉	0.67～0.73	过 20 目筛
冷却固化后机械粉碎成粉	0.61～0.70	过 40 目筛
喷雾制粉	0.57～0.64	5～35μm

3. 粉体强度

材料的基本力学性能体现在材料在外力作用下会变形、流动和破坏，研究和表征这种性能，通常采用以下两种参量：

(1) 反映材料变形的量(常用模量或由模量决定的柔度、泊松比表示)。

(2) 反映材料破坏程度的量(常用强度，包括材料破坏时的力和能量来表示)。

应力-应变曲线综合反映了材料的模量和强度，因而应力-应变行为是材料最基本的力学行为。粉状乳化炸药乳胶基质固化后的力学性能随温度的变化很大，固化后的粉状乳化炸药乳胶基质在较高的温度下属于软而韧的类型，其应力-应变曲线的特征是弹性模量低，屈服点或平台区低，断裂伸长率较大；但在较低的温度下则属于硬而脆的类型，这类材料的特征是具有较高的模量和拉伸强度，但在很小的伸长率(2%以下)下就会断裂，而无任何屈服点。

从微观看，每个粉状乳化炸药颗粒都保持油包水乳胶结构，直径为1～5 μm，因此乳化炸药具有较好的爆炸性能和抗水性能，如果破坏了其微观结构，会影响粉状乳化炸药的各种性能。

在实际操作中，粉状乳化炸药颗粒受压力、剪切力、摩擦力等多种力的作用，最易引起粉体结构破坏的是过度的压力和摩擦。乳化炸药乳胶粒子的最大耐压力[42]是有限度的，而粉状乳化炸药粉体颗粒的耐压力更小，当压力大于0.16 MPa时，颗粒就被压碎，粉体黏结成一体，这是我们设计螺旋叶片时必须面对和考虑的问题。

4. 温度特性

粉状乳化炸药油相是低熔点混合物，其软化温度在50 ℃左右。从微观上看，制成炸药粉体的每个颗粒仍然是一小块固态油包水乳胶结块的乳化基质。目前制粉工艺出药温度接近室温，可直接装药，并克服了易黏附、结块等缺点。

5. 静电特性

粉状乳化炸药的外观为细小的粉体颗粒，其颗粒表面是一层高分子油膜，它与容器或管壁发生接触、分离和摩擦的过程中，能够导致静电荷的产生和积累，静电荷积累到一定程度就会引起静电放电。

2.3 乳化炸药的纸筒装药方法

粉状乳化装药的小药卷装药过程包含两个工序：

(1) 向直径32 mm或直径35 mm的纸筒内灌装150 g或200 g药粉。

(2) 将灌装后的药粉进行密实，达到装药的既定密度。

2.3.1　纸筒灌装方法

根据上述粉状乳化炸药的粉体特性和理化要求，本书尝试并分析了两种纸筒灌装方法：漏斗体积定量法和螺旋定高灌装法。

1. 漏斗体积定量法

粉状乳化炸药的堆积密度和颗粒度都较大，流散性较好，但吸湿性强。我们按照此产品的粉体性质确定的装药技术方案是：将药卷中所需的炸药量由计量漏斗一次定量后，从漏斗落入下方的纸筒内，随纸筒一起振动并逐渐变得密实。

由于一次落入纸筒的药量在密实之前要超出纸筒口，所以漏斗需要插入纸筒口内，这决定了计量漏斗的出料口必须小于纸筒口。为了适应当前粉状乳化炸药工业生产的实际，我们着重考察了该方案对现有喷雾制粉工艺的产品的适应性，试验环境和条件尽可能贴近真实炸药生产企业，试验结果见表2.4。

表2.4　粉状乳化炸药振动密实测试值

试验次数	制粉工艺	堆积密度(g/mm^3)	装药密度(g/mm^3)
1	冷却固化后机械粉碎成粉	0.76	0.92
2		0.74	0.90
3		0.71	0.88
4	喷雾制粉	0.64	0.82
5		0.59	0.78
6		0.61	0.80

试验发现，吸湿后的粉状乳化炸药的黏附性较强，甚至可以在振动着的水平面上形成黏附层。因此用漏斗一次定量的方法在炸药吸潮后难以正常工作，原因是漏斗的下部要伸入纸筒口中，其最大外径小于30 mm，这样会使流通面积较小，当炸药粉体的流散性稍有变化时，漏斗中容易发生结拱现象，施加振动也不能将它消除。如果在设备运行中间频繁发生此现象，机器将无法正常运行，减少结拱的关键在于每次计量时漏斗内能够均匀地填满和排空。对漏斗内物料的受力情况分析如图2.1所示。[43]

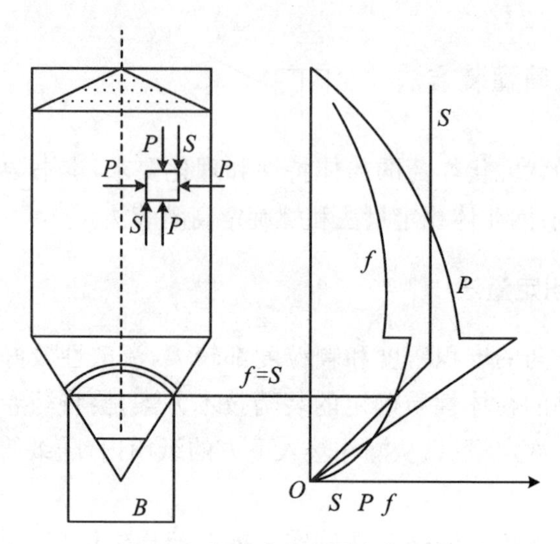

图 2.1　漏斗中物料受力分析图

粉体单元由于受到压力 P,致使物料填充得比较紧密,从而具有附着强度 f。而另一方面,储仓结构和粉体力学特性产生剪切力 S,若储仓排料时的剪切力比较大,储仓内的物料就不能形成成型层,而处于流动状态。若储仓排料时的剪切力小于附着强度 f,则会形成成型层并引起堵塞,即在 f 等于 S 时会产生拱形。若把这个条件下的直径 B 定为边界流出直径,当出料口直径大于 B 就不会产生闭塞,物料才可能顺利地排出,通过验证,发现该理论难以达到理想状态,其稳定性、可靠性较差。这种方法一方面不利于药粉向纸筒中的灌装,另一方面其间歇振动很难使纸筒中的炸药达到规定装药密度,因此必须寻求其他可行的纸筒灌装方法。

2. 螺旋定高灌装法

传统的铵梯炸药装药结构为螺旋叶片,工作原理如图 2.2 所示。

先将纸筒套装在螺旋筒下部,电机带动螺旋转动时,预先投入在料斗中的炸药药粉受叶片推力作用被灌入纸筒,并随托盘下沉,当托盘移到预先安装好的具有一定高度的干簧管(功能相当于行程开关)时,电机停止转动,螺旋停止灌装,随后进行下一个纸筒的循环灌装。

这种工艺应用在粉状乳化炸药方面要进行改进,分析药粉螺旋输送流动状态和受力(图 2.3)可知,取距螺旋中心半径为 r 的药粉质点 M 为研究对象,M 受螺旋叶片作用力方向为 P,因其偏离螺旋面法向 α 角,炸药药粉的运动为空间湍流,并非沿轴线的单一直线运动,对于粉状乳化炸药来说,

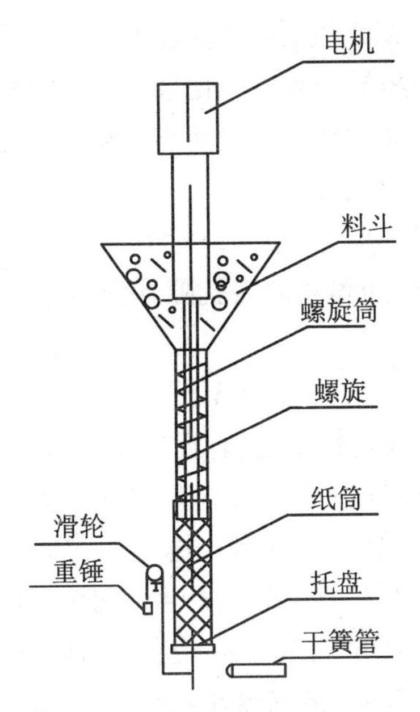

图 2.2　装药机螺旋装药结构原理

湍流是有害的，易“破乳”，避免破乳的有效方法是减少药粉与槽及叶片的摩擦力和药粉的内聚力，使物料做单一方向运动，即 $\alpha=0$，大量工程试验表明，改进螺旋叶片的截面形状，降低表面粗糙度值，避免尖角，减少叶片与药粉的摩擦力，可避免“破乳”，适用于粉状乳化。

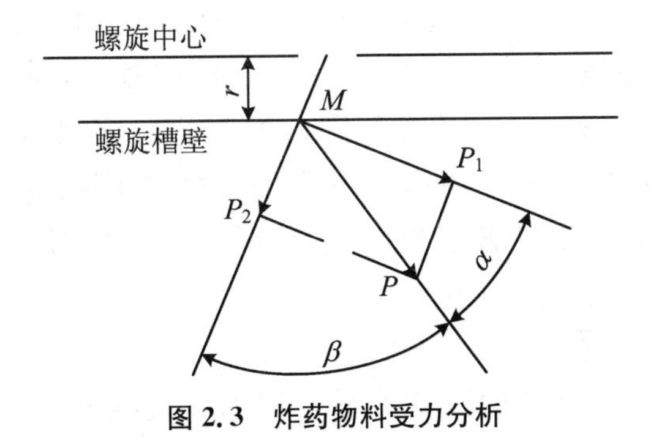

图 2.3　炸药物料受力分析

2.3.2　纸筒密实方法

纸筒密实是指通过一定的方法将纸筒中的炸药散料的容积密度提高，达到工艺规定值，这是炸药具有爆炸性能的前提。粉体物料在处理过程中存在的密度表现均为容积密度(或称表观密度),如堆积密度、松装密度、振实密度等。粉状乳化炸药的松装密度比较小,不能满足炸药爆炸性能需要,要通过密实方法使真密度达到工艺规定值。炸药的容积密度 ρ_v 与真密度 ρ 之间的关系为公式(2.1)所示:

$$\rho = (1 + e)\rho_v \tag{2.1}$$

式中,e 为孔隙比,是指炸药粉体散料孔隙部分的体积 V_a 与固体部分体积 V_g 的比值,即

$$e = V_a / V_g \tag{2.2}$$

真密度对特定的炸药物料是定值,而容积密度随孔隙比变化,它与颗粒形状、大小级配及充填过程中受力大小等情况有关。由于乳化炸药粉体颗粒之间的连接较弱,其骨架结构具有不稳定性,当其受到的动载荷增大时,颗粒之间的连接逐渐被破坏,骨架结构产生不可恢复的变形,表现为粉体散料的孔隙比减小,密度增大,同时颗粒之间的支撑力以及相互移动所损耗的能量也将增大。炸药散料在装填中的临界孔隙比 e_r 的状态函数关系为

$$e_r = f(\sigma_m, \eta) \tag{2.3}$$

式中,σ_m 为主应力的均值,$\sigma_m = (\sigma_1 + \sigma_2 + \sigma_3)/3$;$\eta$ 为剪切比,$\eta = \sigma_s/\sigma_m$;σ_1,σ_2,σ_3 分别为 x,y,z 轴的方向应力。σ_s 为塑性极限应力,计算公式为

$$\sigma_s = [(\sigma_1 - \sigma_2)^2 + (\sigma_2 - \sigma_3)^2 + (\sigma_3 - \sigma_1)^2]^{1/2} \tag{2.4}$$

炸药散料在密实过程中孔隙比会不断发生变化,当 $e > e_r$ 时,炸药散料处于欠压缩状态,装填中的密实机不断对炸药粉体施力,使孔隙比 e 逐步趋近临界孔隙比 e_r,炸药散料逐步被密实,$\rho_v \to \rho$。因此对于特定乳化炸药的不同密度值,都对应着它的一个特定孔隙比。在装药时,必须给纸筒中的粉状乳化炸药施加一定的作用力,内部应力状态满足特定孔隙比的要求,使其进入塑性应变状态。本书根据施力方式探讨分析以下密实方法:

1. 纸筒的振动压实

振动压实原理示意图如图 2.4 所示,先将一定量的炸药散料装入纸筒中,在装药机上部安装一个振动压头,振动压头贴近散料,通过压头施加给炸药散料静压力及激振力,同时不断倾斜方向来振动纸筒,纸筒中的炸药散料颗粒在垂直和水平方向都有振动分量和应力分量,这种交变应力场作用促成了药粉的欠压缩,压实效果更好。

但是根据弹塑性屈服理论(von mises),粉状乳化炸药散料的压实效果取决于压头的型式和作用力、粉体的黏聚特性和摩擦特性等,在压实过程

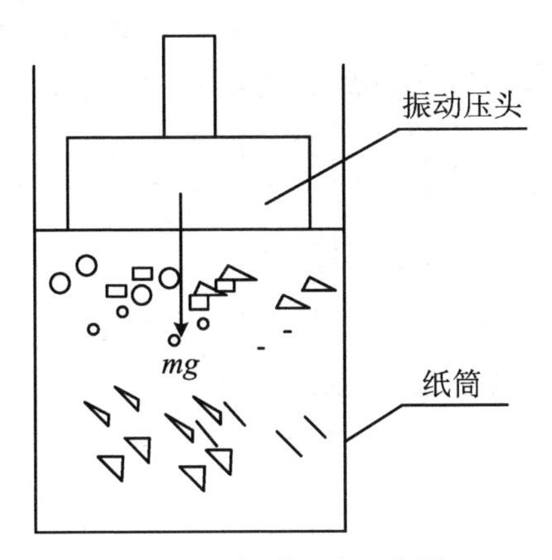

图 2.4　振动压实示意图

中,粉体颗粒间的应力随着振动也会发生变化,只有应力均匀,才有可能得到均匀的炸药密度,在设计振动压头表面的几何形状时也要充分考虑颗粒间应力场分布的均匀性。然而由试验曲线图(图 2.5)分析得知,炸药粉体内部的应力随着其位置与压头距离的增大而很快减小,这种应力分布的不均匀性会引起炸药散料密度的不均匀性。而散料炸药的应力-应变关系非常复杂,属于局部应力状态函数,确定散粒炸药体的刚性模量也十分困难,只有选择合适的振压次数和物料厚度,才有可能保证理想的振压效果。试验测定得知纸筒内炸药在每次压药高度小于 40 mm 时,整个纸筒内炸药的密度才可能会比较均匀一致,显然这种密实方法在粉状乳化炸药的实际生产工艺中是难以实现的。

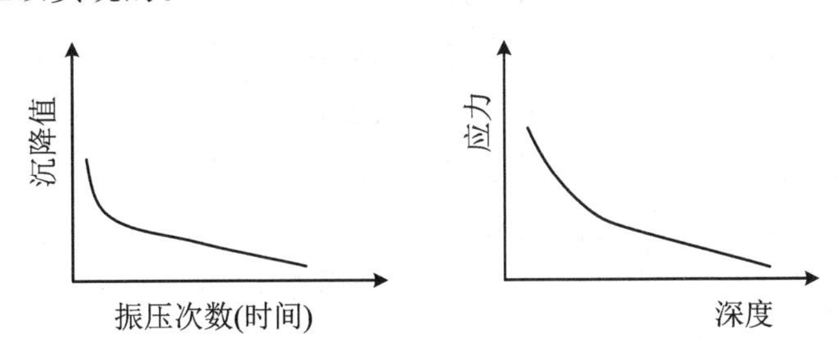

图 2.5　振动压实特征曲线图

2. 纸筒冲击振动密实

纸筒冲击振动密实示意图如图 2.6 所示。就是在纸筒中装入定量的炸药散料,置于振动压头平台上冲击振动密实,考察不同的装药方式对爆炸性能的影响,见表 2.5。

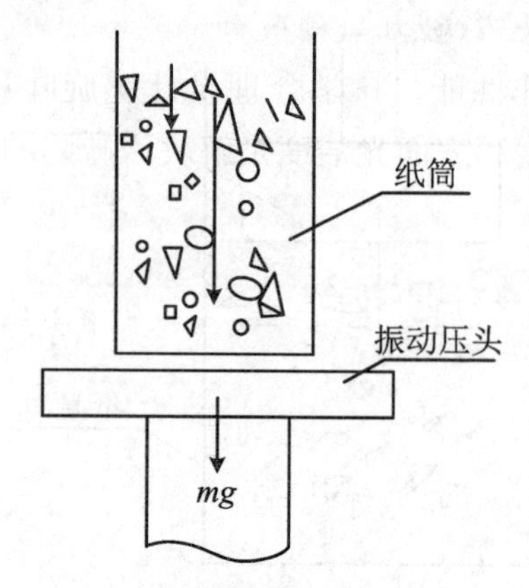

图 2.6　冲击振动密实示意图

表 2.5　装药方式对爆炸性能的影响

装药方式	爆速(m/s)	殉爆(cm)
手工装药	3 308	6～10
螺旋装药	—	6～8
振动装药	3 500～3 700	9～12

在表 2.5 中,我们可以看出振动装药的爆速和殉爆指标均优于手工装药。但试验中也发现,若将装入炸药散料的纸筒置于永磁激振平台上,为达到冲击振动效应,调节永磁激振电流得到不同振幅,在抛掷指数 $1.0<D<3.3$ 范围内[44],存在合适的抛掷指数 D 能保证炸药纸筒被抛离平台后自由下落并再次与平台接触冲击,使纸筒炸药散料振动密实,但纸筒底部破裂损坏严重,装药废品率极高。若我们试图改变振动方式而采用稳态振动,结果纸筒中上部炸药散料欠约束,容易松散,需要密实的时间长,密实度也不易提高。由此可见,尽管纸筒振动密实可以获得优异的爆速和殉爆,能减少炸药颗粒间的内摩擦力,能提高安全性,但仍不能用于实际生产中。

3. 螺旋挤压法密实

该法是铵梯炸药常用的密实方法,使用由来已久。具有装填和密实双重功能,应用于粉状乳化炸药的装填密实原理和改进措施已经在 2.3.1 节的第 2 点中进行了详细阐述,乳化炸药散料在装填移动中受到螺旋叶片推力、筒壁摩擦力、叶片摩擦力、散料颗粒间的内摩擦力等综合作用被挤压密实。大量试验表明,受螺旋叶片参数和截面形状及加工质量的影响,乳化炸药粉体结构有可能被破坏(破乳),颗粒有可能出现被挤成片状的现象,炸药也就失去了应有的爆炸性能。科学合理设计螺旋叶片的螺距、直径、结构,以及提高叶片尺寸精度和表面光洁度是解决该缺陷的有效措施。[45]另外,螺旋法密实粉状乳化炸药具有多年的技术基础沉淀,可借鉴和可移植的行业面广泛,相比其他方法效率高,容易改进和实现,所以本书研究粉状乳化炸药装药机的装药结构针对的是螺旋叶片。

2.4　乳化炸药对装药工艺及叶片的要求

粉状乳化炸药的小包装药是生产线中不可或缺的工序,相关标准规定了小药卷的一些指标要求,装药工艺必须要达到产品的规定指标。同时装填粉状乳化炸药还须满足下述条件:

(1) 灌装药卷达到规定的密度时应避免过度的机械摩擦,保持粉状乳化炸药结构的完好和性能不受影响。

(2) 装药运行要平稳可靠,能够完成装药工序要求的上纸筒和窝口等功能。

(3) 装药机与粉状乳化炸药接触的部分不能用Cu、Zn等,这些物质可能会与炸药反应生成敏感物质,影响材料制作。

(4) 装药机的结构须保证粉状乳化炸药物料的流动顺畅,制作材料不能引起静电积累,不能与炸药物料有强附着性,不能有热量积累。

2.5　乳化炸药螺旋叶片的改进及参数

进行粉状乳化炸药装药密实应用螺旋叶片法优异于振动法,主要体现在:

(1) 螺旋叶片法具有向纸筒灌装和密实的双重功能,减少了部件,提高了设备的可靠性。

(2) 螺旋装药密度比较均匀,炸药的爆炸性能较稳定。

(3) 螺旋叶片法应用广泛,特别是在铵梯炸药方面的装药应用时间较长,积累的经验较多,可移植性和参考性较强。

(4) 螺旋叶片法符合人们的操作习惯。

如何克服螺旋叶片在粉状乳化炸药灌装和密实中的弊端，减少摩擦系数，可以通过以下途径解决：

(1) 改变传统螺旋叶片的形状、结构和尺寸。传统螺旋叶片叶顶、页根的尺寸相同，为分体式结构。制作工艺是先下料圆片，将圆片切缝成圆环，拉伸后对应的螺旋叶片大于一个整螺距，在叶片内孔穿入芯轴，焊接钳工修整而成。[46]传统方法精度低、表面质量差，改进为叶顶和页根的尺寸不同，变截面为曲面，与轴之间过渡光滑，避免死角，为整体式结构。在数控铣床上完成加工，精度和光洁度得到极大提高，改进后的螺旋叶片结构图及效果图如图 2.7 所示。

螺旋叶片参数：叶片直径为 29 mm；叶片最小厚度为 4 mm；螺距为 40 mm±0.03 mm；螺旋长为 200 mm；螺旋总长为 268 mm；螺杆直径为 10 mm；叶片与螺杆过渡圆角半径为 3～5 mm；粗糙度值 Ra 为 0.4～0.8 μm。

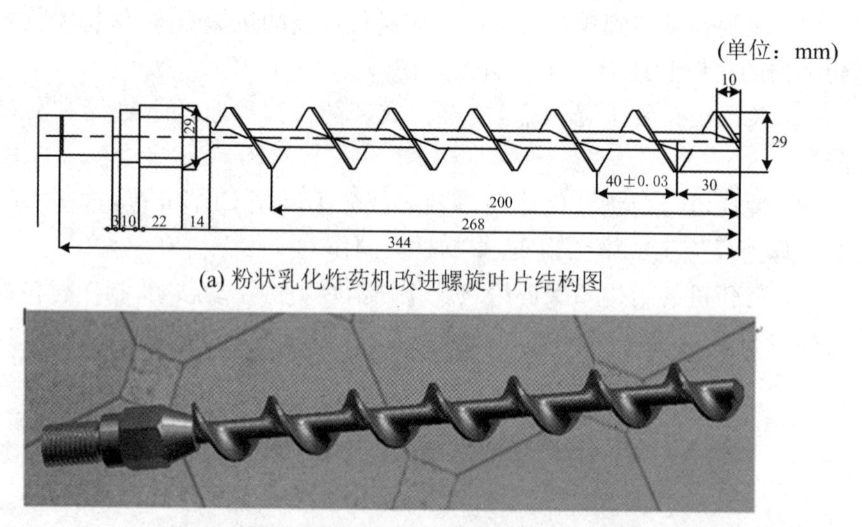

(a) 粉状乳化炸药机改进螺旋叶片结构图

(b) 粉状乳化炸药装药机改进螺旋叶片效果图

图 2.7　粉状乳化炸药装药机改进螺旋叶片结构图及效果图

(2) 改进设计方法。在传统的手工和 AutoCAD 设计方法中，一旦叶片改变和形状不规则，实现理想的轮廓设计难度较大，设计效率低，使用 UG 软件并进行参数化设计可以快速、逼真和优化设计。

(3) 采用数控铣削替代传统的普通机械加工方法，并对加工参数进行优化，可以大大提高工件的质量和效率。

(4) 改进分体式结构设计为整体式结构设计。

小　结

本章首先介绍了粉状乳化炸药理化要求和粉体特性，并在试验的基础上研究了几种炸药药卷纸筒的灌装和密实方法，优选出满足炸药理化性能和粉体特性要求的螺旋叶片灌装和密实工艺，针对乳化炸药的特点对螺旋叶片的结构型式进行了改进，对参数和工艺进行了探讨，使乳化炸药生产工艺更加稳定，性能更加可靠。

第3章　乳化炸药装药机螺旋叶片参数化及系统开发

3.1　参数化设计亟待研究的内容

参数化设计(parametric design)也称变量化设计(variational design),设计思想最早起源于美国,是美国麻省理工学院Gossard教授提出的,研究始于20世纪70年代。在此之前,设计中遇到产品改型、新产品开发等问题,需要经常修改图形和尺寸,重新设计和绘图,费时费力,非常麻烦。基于此设想,构建一组参数去约束图形,赋予参数不同数值以实现对图形的修改,从而使设计大大简化。如美国CV公司开发的Design View软件,以交互的形式修改尺寸,满足设计意图,专门应用于参数化设计,这也仅仅属于二维参数化设计技术。[47]美国的I-DEAS采用动态导航作图方法,具有捕捉设计要素的功能,简单高效。国内走在参数化设计研究前列的北京软件工程中心率先研发的PICAD软件,作图方法和步骤与CV公司开发的Design View软件有类似之处,先画草图后标注尺寸,若用户想要更改图样或设计另一种新图,在参数表中输入新的数值或表达式即可。[48]由上海交大、南方CAD中心开发的参数化设计和变量化建模系统,在技术上实现质的飞跃,走在了行业的前列,参数化建模偏重图形的生成过程,变量化建模与设计的过程关系不大,侧重于几何元素之间的约束关系。

参数化设计的核心是“约束”,设计对象的属性大小、几何要素、尺寸精度、形状、粗糙度等参数皆用约束描述,通过约束内容指定、约束满足和一系列计算过程最终求出约束的解。它存储的是完整的设计过程,而非参数化设计存储的仅仅是结果。参数化设计方法主要有:尺寸驱动法、程序驱动法、尺寸驱动与程序驱动结合法。使用尺寸驱动法有两个前提:① 模型已经存在;② 模型尺寸已经完全定义。尺寸驱动法只考虑图形尺寸及拓扑约束,早期的参数化设计大都是这种方法,比较实用。这种方法的原理是要构建图形的一系列约束集并与尺寸参数对应起来，修改尺寸可以达到改变图形几何要素、形状、大小的目的。而程序驱动法是通过驱动CAD软件建模，编程比较复杂，一般水平的编程人员难以胜任。不仅如此，程序驱动法对软件、硬件也有较高要求，程序长，执行速度慢。比较科学的方法是将尺寸驱动与程序驱动结合起来应用于参数化设计，其目的在于通过图形驱动，在设计绘图状态下修改图形，设计过程如图3.1所示。

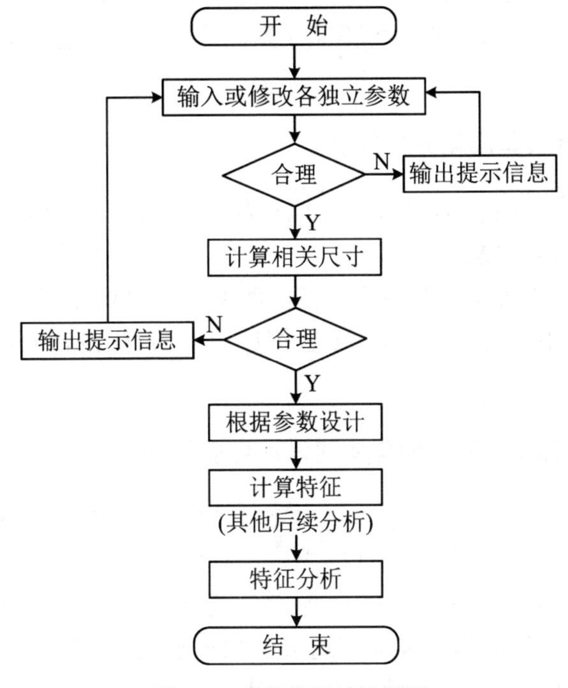

图3.1　参数化设计流程图

虽然参数化研究取得了许多成果，研究范畴涉及众多领域，也可以说现在一个产品的全部设计过程（包括概念设计到详细设计）都贯穿了参数化设计思想，但分析和回忆当今参数化设计的研究及应用，发现仍存在许多亟待深入研究的内容。

1. 参数化设计和功能设计有效对接问题

每个行业的产品都有其自身特点和设计要求，即使是相同的产品，工艺也不尽相同，欲实现参数化设计的普及和推广，就要能满足各个行业的要求，得到各行业的认同。而目前现有的参数化设计方法是面对通用领域的，所以要解决参数化设计与众多行业的紧密结合，深度挖掘行业产品特性和规范,开发个性化、特征化的参数图形库,将行业产品的设计方法与参数化研究形成一体化,产品规范与参数化设计有效对接,这是一项比较重要和意义深远的研究内容。

2. 有待进一步解决欠约束图的参数化问题

众多实例表明欠约束图的参数化设计容易导致多解,尤其在草图和概念设计阶段容易出现。目前普遍采用将优先级高的隐形约束强制变为显式约束方法,问题的解决仍然不够理想,多解的现象时常存在,所以需要有效处理欠约束。

3. 向系统化、集成化方向发展

要实现一个产品在不同时间和地点的参数化并行设计,离不开成熟数据库技术的支持。目前在CAD/CAM参数化设计领域,关系数据库应用尤为广泛,是设计、管理等一体化的基础,解决关系数据库不失为实现并行设计的技术方案,不断补充、完善关系数据库,是参数化设计向系统化、集成化发展的有效保障。

4. 参数化设计约束模型与协同设计环境的研究

现有的参数化设计是基于单用户环境开发的,是基于约束的集中管理,不能满足复杂产品的参数化设计要求。现有的参数化设计存在的问题比较多,比如如何在各个设计者之间分配设计任务,实现设计目标的统一和协调;如何实现零部件的整体和局部约束协同求解;如何共享设计资源和网络中存放约束信息等。所以参数化设计约束模型与协同设计环境的研究意义非同一般。

3.2 参数化设计的功能和特点

众所周知,参数化设计可以有效用于产品建模。早期CAD系统的原理是采用固定尺寸值定义几何元素,完成绘图以后再进行尺寸标注,设计中只保存最后设计结果的图形、尺寸等信息,不保存设计过程和非图信息(如产品功能条件等),重新编辑与修改设计非常困难。[49]参数化设计可有效弥补其不足,其特点如下:

(1) 能保存产品设计过程信息,支持并行作业。

(2) 支持草图设计,不同的设计者共享设计资源,并行设计,提高效率。

(3) 表达产品设计信息充分完整,利于后期产品改进和新产品开发。

(4) 表达产品内部不同组件的关系较充分,便于系列化设计。

(5) 及时跟踪和查询产品功能、概念设计等过程,支持对产品图样及时更改。

基于约束参数化设计过程如图 3.2 所示。基于约束参数化设计功能是:参数化设计系统记录大量图形信息,通过约束定义和求解,实现对图形的参数化描述。对于单件小批量生产和需要经常改型换代乳化炸药装药机螺旋叶片来说尤为重要,一旦需要产品改型或更改局部图样,可维持原有的约束关系和产品设计方案不变,通过参数赋值得到新图形,实现几何约束建模和求解过程自动化,应用标准化、系列化的产品设计。

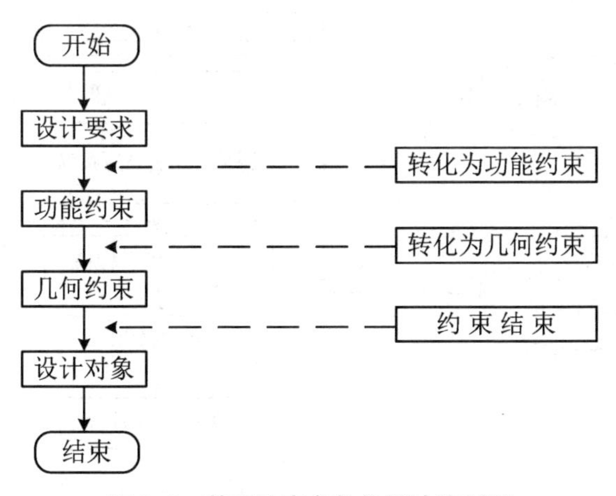

图 3.2　基于约束参数化设计流程图

3.3　参数化设计的总体方案

早期使用的乳化炸药装药机螺旋及叶片就是普通输送螺旋,叶根、叶顶具有相同厚度,精度低,表面粗糙,使用手工或二维 AutoCAD 设计。改进的螺旋叶片页根比叶顶厚,叶根与螺旋轴呈流线圆角过渡,变曲线截面叶片,精度和表面质量要求较高,设计方法大都由工艺人员(配方研究人员)根据乳化炸药的理化性能、粉体特性和客户对炸药产品性能的要求,结合以往的研究经验,提出叶片的厚度、螺距、转速、表面质量和精度等级等要求,也有的是经试验或测绘得到螺旋及叶片的有关参数,完成工艺设计;结构设计人员利用AutoCAD软件完成二维平面图的绘制；数控加工设计人员由给出的二维平面图绘出三维图，并经后处理，生成数控铣削程序，设计流程如图3.3所示。

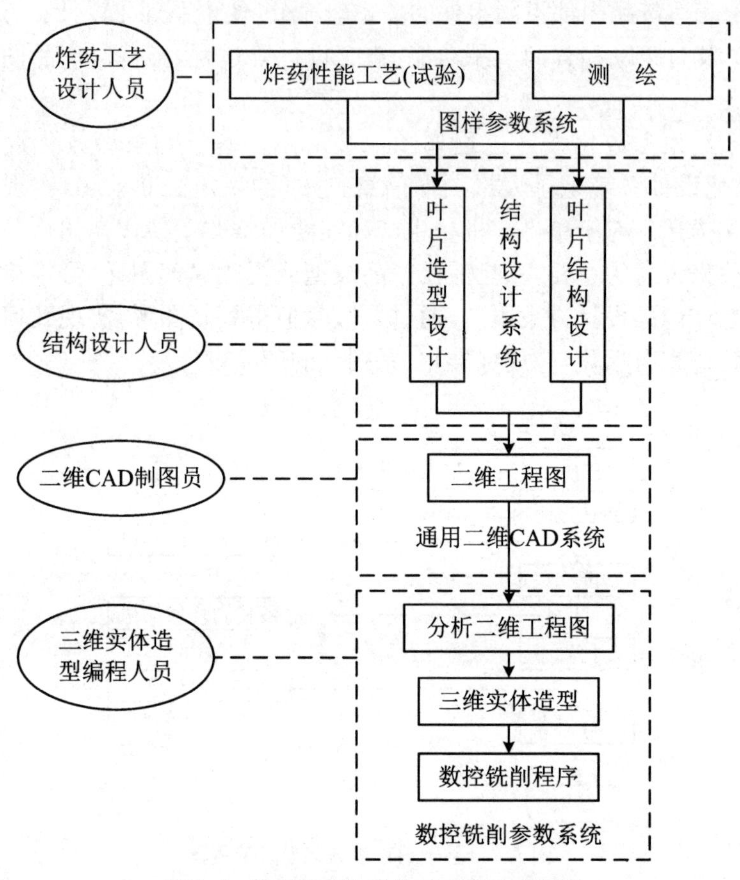

图3.3 装药机螺旋叶片人工设计流程图

螺旋叶片结构及参数是专业设计人员依据“国家民用爆破器材工程设计安全规范(GB 50089—2007)”精心设计的。遇到工业性试验及产品缺陷，需要对螺旋叶片进行改进，基于目前行业叶片二维AutoCAD普遍设计状况，对叶片的任何改进都要经过计算并绘图；也有的设计方法是为满足叶片形状复杂、加工精度高的技术条件，经过认真分析二维图，利用三维CAD建立实体模型，生成数控铣削程序，进行后续加工，一旦遇到造型或数控程序不合理，都要再次返回，修改叶片结构二维工程图。这其中存在的主要问题是：

(1) 以工程图传递设计信息和数据，涉及环节多，信息交流速度慢，周期长，叶片修改困难。

(2) 现代设计过程是参数化三维建模，后处理，生成数控程序，进行数控加工。上述设计过程与此相反，即先绘二维图再绘三维图(数控加工需要)，有悖于现代设计。

(3) 二维叶片CAD设计独立于三维实体造型,设计过程的相互独立,致使设计协调难度大,设计意图渗透和表达欠佳。

(4) 使用非参数化Pro/E或UG等三维软件进行螺旋叶片造型,增加了生产成本。

(5) 叶片结构的设计方法因设计人员相对独立,缺乏统一规范。

基于此,乳化炸药装药机螺旋叶片UG参数化设计系统应满足以下要求:

(1) 具有高效和精确的三维曲面造型和修改功能,可直接进行三维设计。

(2) 用户界面友好新颖,方便三维实体造型。

(3) 统一叶片设计规范和向导。

(4) 能快速、便捷地捕捉叶片的关键参数,叶片设计环节少、人员少,设计的周期短,效率高。

(5) 拥有强大的数据管理功能。

参数化设计的总体方案如图3.4所示。该系统支持三维造型,且能修改和重用。

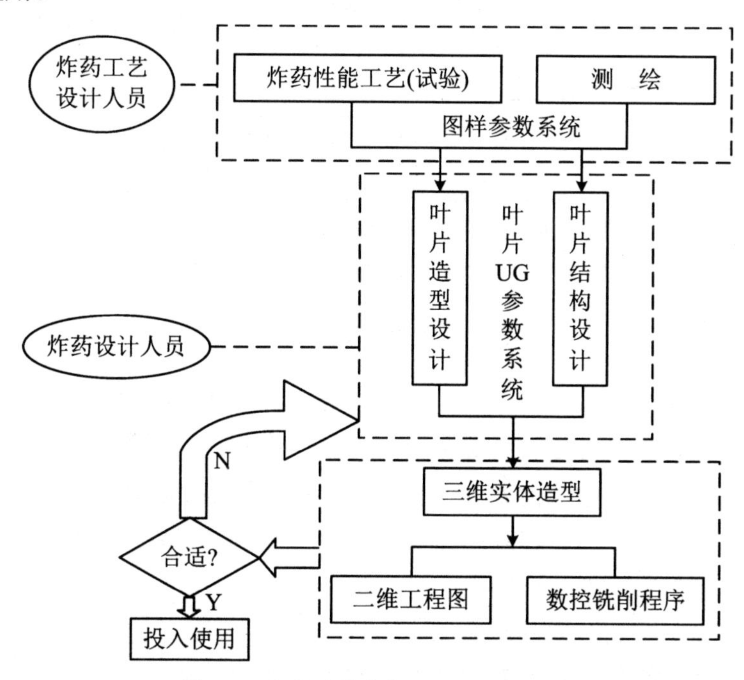

图3.4　螺旋叶片参数化设计系统方案

3.4 参数化设计系统的体系结构

图 3.5 为基于实现四个功能的叶片设计系统构架，可提供乳化炸药装药机螺旋叶片参数化设计制造的基本功能，即叶片建模、结构设计、出二维图、后置数控程序。

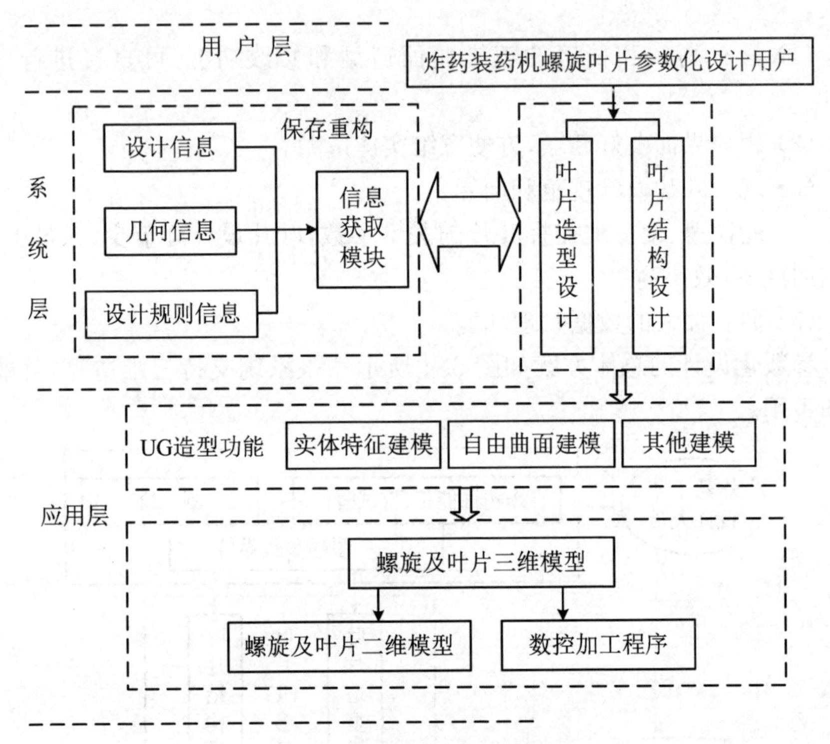

图 3.5　叶片设计体系结构图

叶片设计体系结构图从层次上分为用户层（操作界面）、系统层（信息保存重构模块和叶片结构设计模块）及应用层（叶片二维图和数控加工程序）。系统层是将各种信息赋值给各功能模块，进行后台控制处理以提高运算速度。应用层是基于一定的方法利用 CAD 软件构造模型给予显示，包括二维图、三维模型、后置处理数控程序。其特点是：

（1）具有参数化设计功能，提高效率。

（2）拥有强大设计向导功能，便于叶片设计和查询。

（3）可随时对叶片设计过程进行重构和保存，保持设计的连续性。

3.5　参数化设计的关键技术

3.5.1　特征造型

以实体模型为基础，用具有一定设计或加工功能的特征作为造型的基本单元建立零件的集合模型，称为特征造型(feature modeling)，这是产品模型与CAD/CAM集成系统的核心技术。目前无特征的确切定义，一般是产品特征＝形状特征＋工程语义特征。比如设计者要想满足零件的功能要求，要对设计的零件进行精心选材、受力分析、强度校核、工艺造型及测试等，这些可以看作设计特征；如从零件的制造出发，需要将这些特征与制造工艺、自动数控编程、工件检验方法等联系起来，这些可视为制造特征。螺旋叶片设计的特征结构如图3.6所示。

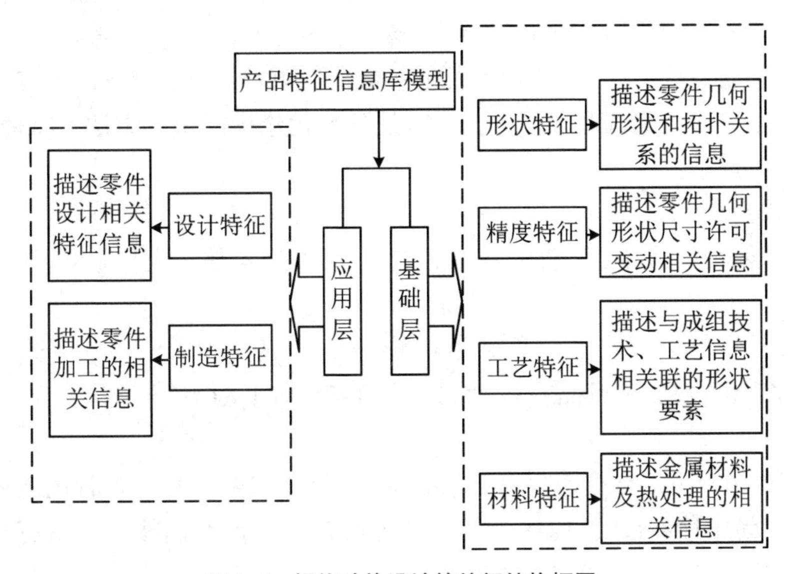

图3.6　螺旋叶片设计的特征结构框图

建立产品特征信息库，有利于零件在设计、制造、检验、管理等环节的资源共享及数据交换，参数化技术应用在CAD/CAM中能提高效率，具有柔性化设计特点，增加一族产品的相容性。其原理是用参数约束产品的图形、属性等，参数与图形尺寸或形状约束集合对应和关联，并通过公式融入到应用程序中，输入不同参数值可得到不同形状的图形，它能储存完整的设计过程，而不像普通 CAD、Pro/E 等只能存储单一结果，参数化技术能设计出一族产品模型。[50]

根据零件形状和复杂程度，通常有三种参数化建模方式：

(1) 基于草图的参数化建模：适用于截面复杂的零部件建模，通过创建和约束二维草图，再编辑和修改得到几何形体。

(2) 基于装配的参数化建模：将装配关系引入到参数化，应用于复杂的装配体建模，特别是有些要素无法定位的装配体，装配模型结构为树状分级装配结构。

(3) 基于特征的参数化造型建模：使用约束和参数来定义和修改几何模型。

上述建模中，特征建模和草图建模具有非共容特点，一般是将两种建模结合使用，对于复杂零件体素间定位困难，特征建模和草图建模都将难以发挥作用，不能用特征描述的部件使用草图功能建模。

目前应用较多的主流品种仍然是参数化特征造型技术，所谓零部件特征包括体素、成型、加工和结构等，如球、块、柱、锥、管属于体素特征，凸台、槽等属于成型特征等。[51]修改特征的参数或约束，特征形状将改变。特征建模适合于形状规则、截面简单的零件，是参数化建模的常用方法。特征造型技术的特点是：

(1) 设计人员的操作对象是产品的功能要素，不是线条和体素，可以用专业术语表达设计思想意图，效率高，且产品模型容易让人理解和便于组织生产。

(2) 对产品的技术信息和生产管理信息表达得更完整，便于 CAD/CAPP/CAM 集成和产品在设计、分析、工艺、加工制造等诸多环节中并行展开。

(3) 用户可以根据需要来修改方案，提高了参数化特征设计的友好性、灵活性、易用性和柔性，应用广泛。但也存在特征模型的使用范围有限，无法适应拓扑结构变异等。

在参数化特征建模和产品设计制造系统中，关键是要建立零部件信息模型。它承载了零件设计加工等所有的信息和数据，如设计制造任务分配、进程管理、进程控制与协同以及零件形状、尺寸、表面质量、精度等。设计的信息模型结构如图 3.7 所示，包括零件层、特征层和几何层。

在三层模型体系结构中，几何层主要包括几何拓扑特征模型，是信息模

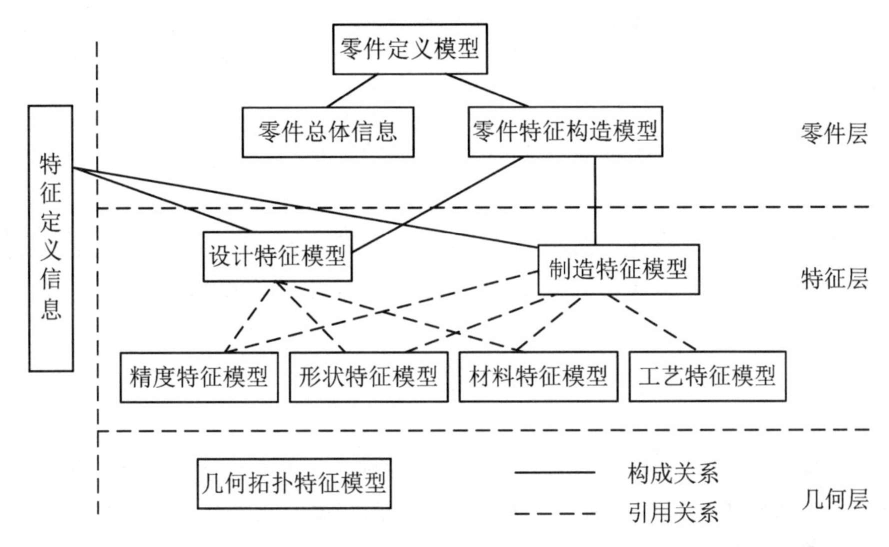

图3.7 零件信息模型树状示意图

型的基础。而特征层却是模型的核心，主要包括设计特征模型和制造特征模型，是针对不同领域产品、不同特征建立的，它通过对底层应用来获得其他信息，是底层特征的基础，表达了特征的几何拓扑结构与实体形状。既能满足不同设计制造的信息资源共享，又能为实际应用提供支持。另外还建立了独立于三层模型体系之外的特征定义模型。

3.5.2 螺旋叶片UG参数化关键技术

经过改进后的装药机螺旋叶片是变曲线截面，螺旋叶片参数化设计的关键是叶身截面(叶型)设计技术。传统的方法是由炸药工艺技术人员根据炸药性能和产能要求确定参数，或借鉴相关产品的螺旋叶片结构，测量出叶身截面的线离散数值，由人工进行拟合叶片、手工造型，制成产品后无论是叶片性能还是叶身截面的光顺性，都难如人意，也有的研究者采用大量基因图元逼近方法绘制光滑的叶片曲线、曲面，不仅效率低，而且所得结果也不够精确。随着计算机辅助设计(CAGD)技术和UG、Pro/E等软件的日臻完善、普及与发展，常选择以下几种方法为叶身截面造型。[52]

(1) Bezier曲线、曲面法：应用类似螺旋叶片的变曲面截面造型具有一定局限性，因Bezier曲线法只能靠曲线、曲面拼接组合，难以保证拼接处的连续。

(2) B样条曲线、曲面法:应用类似螺旋叶片变曲面截面造型,可有效解决拼接处连续性问题,形状可控,造型采用分段(片)多项式样条的方法,更适合交互设计。[53]

(3) 非均匀有理B样条曲线法:能实现用少量的控制点来精确地描述叶片的曲线和曲面。[54]

粉状乳化炸药装药机螺旋叶片的性质和特点决定了只能用自由曲线、曲面的形式来进行表达。综合上述分析,本书用B样条曲线拟合螺旋线。

3.5.3　螺旋叶片UG参数化绘图

乳化炸药装药机螺旋叶片的形状、参数和加工质量影响炸药的爆速、猛度及安全性,因此准确造型、科学描述叶片是关键。螺旋叶片的参数包括:

(1) 螺旋直径 D(mm),其尺寸大小决定炸药的产能,精度高低影响叶片的摩擦和丢料量。

(2) 螺距 s(m)。

(3) 螺旋轴直径 d(m)。

(4) 螺旋轴长度 L(m)。

(5) 螺旋叶片厚度 σ(m)。

(6) 螺旋叶片形状和曲面:对它的精确描述非常困难,是参数化设计解决的重点和难点。

螺旋曲面是三维曲面且与螺旋轴圆弧过渡,可以看成是一个动点 $M(x,y,z)$ 做圆周运动且沿着螺旋轴上升形成的,运动轨迹参数方程为

$$\begin{cases} x = r\cos\theta \\ y = r\sin\theta \\ z = s\,\theta/(2\pi) \end{cases} \tag{3.1}$$

式中,θ 为螺旋角;r 为螺旋半径;s 为螺距。

依据式(3.1)可知动点 $M(x,y,z)$ 是随机的,难以完全实形建模。依据线性插补理论,可以用线段拟合法拟合螺旋线,但在众多微小线段拟合时势必会产生尖角,本书采用B样条线构造曲线对各主干点拟合,UG基本功能的B样条线扫掠无法造型变曲面螺旋叶片,所以本书通过一组不同阶多项式,构造一条把所有主干点连接起来的平滑曲线,采用离散的点云数据来拟合出叶片的截面,求解超定方程组可以找到点云数据,而后用B样条线三次曲线拟合叶片截面。[30]

1. 空间三维坐标系的确定

为了求解螺旋叶片截面上各离散点的空间坐标，需要建立合适的三维坐标系。建立叶片三维模型时，以叶片根部($r=0$)的叶素平面为 xOy 平面建立三维坐标系，叶片展开方向为 z 轴方向，叶素各离散点的空间实际坐标为(x,y,z)。[54]

2. 截面上各离散点空间坐标的求解

对应不同节点 $x_0,x_1,x_2,\cdots,x_n$，函数值 $y_0,y_1,y_2,\cdots,y_n$，构造三次样条函数 $s(x)$，需满足下列条件：

(1) $a=x_0<x_1<x_2\cdots<x_n=b$；

(2) $s(x)$在闭区间$[a,b]$上连续且二阶可导；

(3) $s(x_k)=y_k(k=0,1,2,\cdots,n)$；

(4) $s(x)$是三次多项式，$x\in[x_k,x_{k-1}](k=0,1,2,\cdots,n-1)$。

还需要在区间$[a,b]$上各加 $a=x_0,b=x_n$ 的边界条件才能求解 $s(x)$，通常使用下列三种：

(1) 已知 $s'(x_0)=f'_0,s'(x_n)=f'_n$；

(2) 已知 $s''(x_0)=f''_0,s''(x_n)=f''_n$；

(3) $f(x)$以 x_n-x_0 为周期函数时，$s(x)$也是周期函数，满足 $s(x_0+0)=s(x_n-0),s'(x_0+0)=s'(x_n-0)$ ，$s''(x_0+0)=s''(x_n-0)$的边界条件。

设螺旋升角、周数分别为

$$\theta = 360nt, \quad n = l/s$$

式中，n 为螺旋周数；l 为螺旋长度；t 为变量参数，且 $t\in[0,1]$。

3. 各离散点空间坐标的求解及截面曲线的绘制

由于采用B样条曲线拟合，能得到很平滑的螺旋线，生成的样条精确、简单，而且不会破坏原始数据的完整性。[55]本书首先在曲线上取100个点，再根据公式 $n=100\ s/l$ 计算出每个螺距的点数，然后确定步长 $d_h=0.01$。根据 $d_h=s/n_1$ 计算增量，确定螺旋线空间点的坐标计算式：

$$\begin{cases} x = r \cdot \cos(360 \cdot n \cdot t) \\ y = r \cdot \sin(360 \cdot n \cdot t) \\ z = z + d_h \end{cases} \tag{3.2}$$

式中，z 的最大值为螺旋叶片长度，$t=t+d_h$，$t\in[0,1]$且递增。根据式(3.2)

计算得到截面的空间坐标数据,建成 *.dat 文件,并导入 UG 中,生成螺旋线如图 3.8 所示。

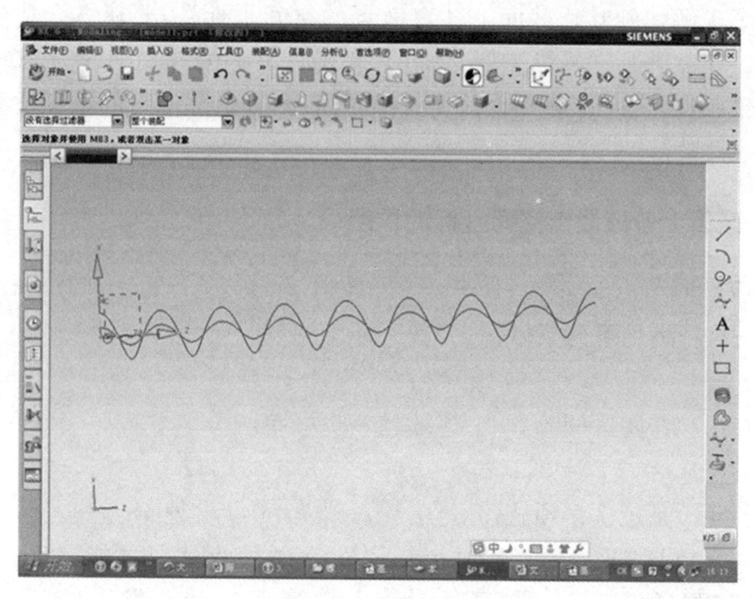

图 3.8　圆柱螺旋线

采用直纹面造型技术,选择点对齐方式,创建的叶片形状如图 3.9 所示。

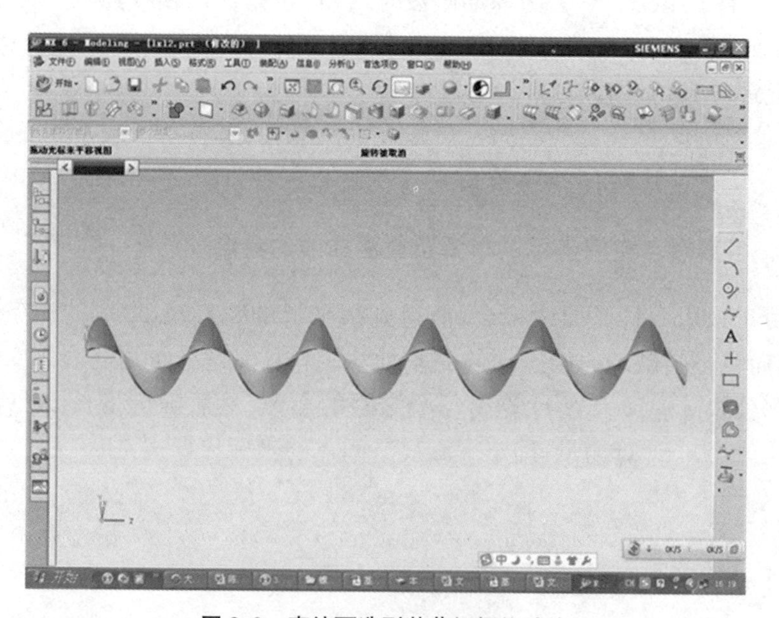

图 3.9　直纹面造型装药机螺旋叶片

3.6　参数化系统的开发环境及设计原理

装药机螺旋叶片参数化设计系统在 Windows XP 的支持下，开发软件是 UG NX 5.0，利用 Visual C++ 6.0 采用一种典型的全面支持面向对象特征的 C/C++语言编程实现。

1. UG NX 5.0 简介及 UG 二次开发工具

目前 UG NX 5.0 软件是高档 CAM 的代表，除通用模块，还提供了各种专用模块，经过二次开发可以实现参数化设计、变量化设计等，特点是其强大参数功能与传统的实体和曲面造型功能结合在一起。UG/Open 是一系列 UG 开发工具的总称，其中 UG/Open API(又称 User Function)是最常用的二次开发工具，本书采用 UG/Open API 编程，利用 C/C++语言创建动态链接库程序，可以满足用户的特殊需求，实现与 UG 系统的无缝集成。[56]

2. 创建 UG/Open API 运行环境

运行环境可以是内部应用程序即运行在 UG 软件中，或外部应用程序即可单独运行。本系统开发与 UG 操作相关，采用内部应用程序，一般格式为：

```
#include 〈uf.H〉      /*头文件*/
Void ufusr(char *param,int *returnCode,int parm_len)
     /*附加必要文件补充说明*/
{Variable declarations
UF_initialize();      /*API环境初始化*/
Body()       /*用户代码等循环体*/
UF_terminate;      /*API运行环境结束*/}
```

3. 初始化与终止 UG/Open API 应用程序[57]

在调用 UG/Open API 函数前，要先调用 UFinitialize()函数，进行 API 运行环境的初始化，最后调用的必须是 UFterminat()，获取 API 执行许可权限。

4. UG/Open API 名称及规范

UG/Open API 函数格式:UG_CDBB_descriptive_name。

其中,descriptive_name 为该函数的功能性提示;UG 代表 UG/Open API 函数;CDBB 为模块首写字母缩写。

UG/Open API 提供的函数都遵守 ANSI/ISO C 的标准,函数原始格式为:〈返回数据类型〉〈函数名〉(变量列表)。

5. 数据类型

UG/Open API 数据类型类似函数命名,其扩展名命名如下:_t 为数据类型;_p_t 为类型指针;_s 为结构标识;_f_t 为函数指针。

6. 应用程序自动加载

UG 启动时系统会在 custom dirs. dat 和 ug custom dirs. dat 文件目录搜索 startup,自动加载链接库文件执行 ufsta( )函数。

3.7 装药机螺旋叶片三维参数化设计系统

3.7.1 系统需求及设计方案

目前,计算机辅助造型技术已在产品设计、管理和快速成型等技术领域得到广泛应用。对于装药机螺旋叶片三维参数化设计系统来说需要满足以下需求:

1. 系统要具有参数化建模功能

UG 本身具有三维实体建模功能,一旦建模成功后若要再次修改模型,需要改变参数值,也就需要从表达式着手解决,逐项调整,非常费事。直接用程序创建实体模型的方法也不可取,因为这种方法涉及几何特征如草图基准等,会很麻烦,有时工程设计中也常借用二维软件生成叶片轮廓曲线,然后再通过三维软件的导入生成叶片实体模型,缺陷是费时费力。基于此,本书采用的技术方案是:三维建模与程序控制相结合,即通过修改零部件的表达式来修改模型，进行参数化程序设计。建模是人机交互界面下在UG软件环境中实现的，不用程序创建，在创建好的模型基础上，通过控制参数的数值大小来控制模型的形状和尺寸。参数值的改变是通过编程来实现的，即参数化编程，实现参数的查询、编辑、修改，实现不同参数值对模型的修改。把创建的三维模型称为模型样板，使用系统提供的尺寸标准，约束创建，模型特征力求简单。

2. 系统要具有定制用户螺旋叶片参数化菜单栏功能

UG提供的标准菜单不能满足本系统的需求，本书的方案在C++ 6.0环境下，对UG软件二次开发出"螺旋叶片参数化设计模块"，用户只需输入叶片参数值即可得到新的叶片三维模型。借助MenuScript技术来创建系统的菜单用户，按照设计目的和要求，用记事本格式编写菜单文件，并将它命名为"yepian"，保存在startup文件夹下，保存文件时需要注意将"yepian"后缀改为.men文件形式。菜单文件的主要代码为：

```
//菜单 id
CASCADE_BUTTON MENU_TEST1
    //定义菜单标题为"螺旋叶片参数化设计"
LABEL 螺旋叶片参数化设计
    //结束菜单的编辑
END_OF_BEFORE
```

菜单编辑完成后即可在UG中注册运行。

3. 系统要具有对话框的参数化功能

控制螺旋叶片三维模型的参数，在UG的设计中，用表达式来表示对话框的设计内容，要达到对话框的参数化要求，解决问题的方案是开发出的系统能够由上述表达式名称获得其值，以及由用户需要修改和输入表达式。实现上述目标关键技术措施是[58]：开发UG应用程序，调用函数UF_MODL_eval_exp( )和UF_MODL_edit_exp( )；建立在3.5.3中已经介绍的三维模型样板，如图3.8所示；打开UG"工具"下拉菜单中当前被打开部件的所有表达式列表；进入UG/Open UIStyle，设计用户界面对话框，在文件夹"application"中以文件名"Para_Design_Dialog.dll"保存对话框，文件"Para_Design_Dialog_template.c"在该文件夹下被创建，同时文件夹下也创建了文件"Para_Design_Dialog.h"。对话框属性及回调函数见表3.1。创建"参数化设计”界面如图3.10所示。

表3.1　“参数化设计”对话框与回调函数

属性	属性值	回调函数
对话框标题	参数化设计	构造函数：Para_Disign construct_fun
线索	输入模型相关参数，单击“确定”	单击“确定”
前缀名	Para_Disign	Para_Disign_ok_fun
对话框类型	底部	
按钮式样	“确定”“取消”	

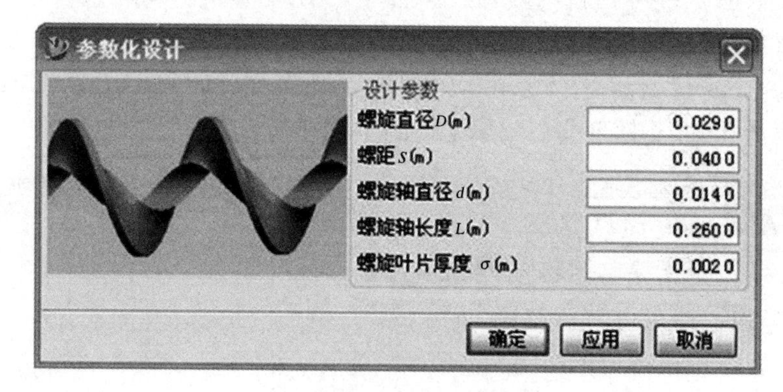

3.10　参数化设计对话框

4. 用户程序和UG融合

通过UG菜单调用UIStyler产生的对话框实现，系统具有嵌入功能。

3.7.2　关键实现技术创建应用程序

利用ugopen.awx和Visual C++ 6.0创建应用程序，工程名为Project_Parameter。使用ufsts作为入口函数，将UG/Open UlStyler生成的Para_Design_Dialog_template.c重新命名为Para_Design_Dialog.c后复制到文件夹application下，再插入到C++ 6.0的工程界面中[64]。

1. ufsts()的代码

定义ufsts()入口函数代码，其代码为：

```
Extern DllEXport void_ufsts(char * param, int * returnCode, int rlen)
{staic UF_MB_cb_status_t  Design_Para_yp(UF_MB_widget_t,
  UF_MB_data_t, UF_MB_activated_button_p_t);
  Static UF_mb_action_t_actions[]=
    {{"PARAMETER_DESIGN_LUOXUANYP" Para_Design_luoxuanyp,
    NULL}};
    int errorData=UF_initialize();
    if(0==errorCode)
  {UF_MB_add_actions(actions);
    errorCode=UF_terminated();}
      PrintErrorMessage(errorData);}
```

2. Design_Para_yp( )的代码

在入口函数 ufsts( )中,定义了单击的回调函数 Design_Para_yp(),该回调函数是针对圆柱螺旋叶片按钮定义的,Design_Para_yp()定义代码为:

```
static UF_MB_cb_status_t  Design_Para_yp()
(UF_MB_widget_t  wid,
UF_MB_data_t  usert_data,
UF_MB_activated_button_p_t  call_anniu)
{int esp; int errorData=UF_initialize(); if(0=errorData)
{Para_Create_Parao_Design_Dialog(&esp);
  errorData=UF_terminate();}
  return UF_MB_CB_CONTINUE;}
```

3. Para_Design_Dialog. c 的代码

上述出现调用函数 Para_Create_Design_Dialog(),其功能是调用对话框,实现的过程和方法是:在 VC++ 6.0 中,找到并打开 Para_Design_Dialog. c 回调函数,修改其代码为[64]:

```
Extern int Para_Create_Parao_Design_Dialog(int * responseData)
{interrorDate=0;
if(errorData=UF_initialize()! =0
return(0));
if(errorDate=UF_STY_Creat_Dialog("_Para_Design_Dialog. dll,
```

```
  PARA_DISIGN_cbs，   /＊回调对话框＊/
PARA_DISIGN_CB_COUNT，
NULL，   /＊用户数据＊/
Response))！ =0
{Char_message_fail[133]
UF_get_fail_message(errorData,_message_fail)；
UF_UI_set_status(_message_fail)；
Printf("%s/n",_message_fail)；}
UF_terminate()；
Return(errorData)；}
```

4. UF_MODL_eval_exp()的代码

为获得设计对象表达式值，调用函数 UF_MODL_eval_exp( )，具体代码如下[64]，该函数主要实现由表达式的名称获取表达式值(控件显示值)。

```
int PARA_DISIGN_construct_fun(short int dialogid,
void＊client_data,
UF_STY_item_value_type_p_t callback_data)
{double Volume；   /＊数据类型＊/
char prompt[256]；   /＊数据类型＊/
UF_STY_item_value_type_tdatas；   /＊UG部件加入进程＊/
If(UF_initialize()！ =0)
Return(UF_UI_CB_CONTINUE_DIALOG)；
datas. item_attr=UF_STY_VALUE；
datas. item_id=PARA_DISIGN_REAL_D；
UF_MODL_eval_exp("D",& datas. value. real)；
UF_STY_set_value(dialogid,& datas)；
datas. item_id=PARA_DISIGN_REAL_S；
UF_MODL_eval_exp("d",& datas. value. real)；
UF_SKY_set_value(dialog_id, & datas)；
Datas. item_id=PARA_DISIGN_REAL_d；
UF_MODL_eval_exp("L",&datas. value. real)；
UF_STY_set_value(dialogid,&datas)；
datas. item_id=PARA_DISIGN_REAL_L；
```

```
UF_MODL_eval_exp("S",&datas. value. real);
UF_STY_set_value(dialog_id, & datas) ;
datas. item_id=PARA_DISIGN_REAL_d;
UF_MODL_eval_exp("σ",&datas. value. real);
UF_STY_set_value(dialog_id, & datas);
Volume=Para_Part_Valume();
UF_terminate();      /*终止 API 环境*/
Return(UF_UI_CB_CONTINUE_DIALOG);}
```

5. Para_Part_Valume()的代码

被调用 Para_Ger_Part_Valume()出现在上述构造函数 UF_MODL_eval_exp()中,为获得部件特性在调用函数中又调用了 UF_WEIGHT_estab_part_props(),调用函数 Para_Part_Valume()的代码为[64]:

```
Double Para_Part_Valume();
{Tag_t   Tag;
UF_WEIGHT_properies_t   Shuxing;
UF_WEIGH_exceptions_t   yiChang;
Tag =UF_PARA_ask_display_part( );
UF_WEIGHT_exceptions (& yiChang);
UF_WEIGH_estab_parts(tag,0. 9,false, UF_WEIGHT_units_gm,
  & Shuxing,& yiChang);
Retun Shuxing. volume;}
```

6. 回调函数的代码

获取用户在对话框中的输入,修改表达式,从而更新模型,是依靠对话框“确定”按钮的回调函数来实现该功能的,回调函数的具体代码为:

```
int PARA_DISIGN_OK_fun(int_Dialog_id,void * client_data,
UF_STY_ITEM_VALUE_TYPE_P_T CALLBACK_DATA)
{UF_STY_item_value_type_t   shuju;
double Volume;
char tishi[256];
if(UF_initialize()! =0)
return(UF_UI_CB_CONTINUE_DIALOG);
```

```
shuju. item_attr=UF_STY_VALUE;
shuju. item_id=PARA_DISIGN_REAL_D;
UF_STY_ask_value(Dialog_id,&shuju);
Para_Design_edit_exp("D",shuju,value. real);
shuju. item_id=PARA_DISIGN_REAL_S;
UF_STY_ask__value(Dialog_id,&shuju);
Para_Design_edit_exp("d",shuju. value. real);
shuju. item_id=PARA_DISIGN_REAL_d;
UF_STY_ask_value(Dialog_id,&shuju);
Para_Design_edit_exp("L",shuju. value. real);
shuju. Item_id=PARA_DISIGN_REAL_L;
UF_STY_ask_value(Dialog_id,&shuju);
Para_Design_edit_exp("S",shuju. value. real);
shuju. item_id=PARA_DISIGN_REAL_σ;
UF_STY_ask_value(Dialog_id, &shuju);
Para_Design_edit_exp ("σ",shuju. value. real);
UF_MODL_UPDATA();
UF_STY_set_value(Dialog_id,& shuju);
UF_terminate();
Return(UF_UI_CB_CONTINUE_DIALOG);}
```

7. Para_Design_edit_exp()的代码

实现修改用户输入表达式值变更模型函数是 Para_Design_edit_exp()，在上述的函数 PARA_DISIGN_ok fun()中，其程序调用了函数 UF_STY_ask_value()和 Para_Disign_edit_exp()获得控件值，Para_Design_edit_exp()的代码为：

```
In Para_Design_edit_exp(char * name,double value)
{char expression[256],tempchars[50];
int   err;
strcpy(expression, name);
strcat(expression,"=");
sprintf(expression,"%5f", value);
strcat(expression,tempchars);
err=UF_MODL_EDIT_EXP(EXP);
```

RETURN ERR;}

在参数化设计对话框输入值后，单击“确定”，更新后的装药机螺旋叶片如图3.11所示。

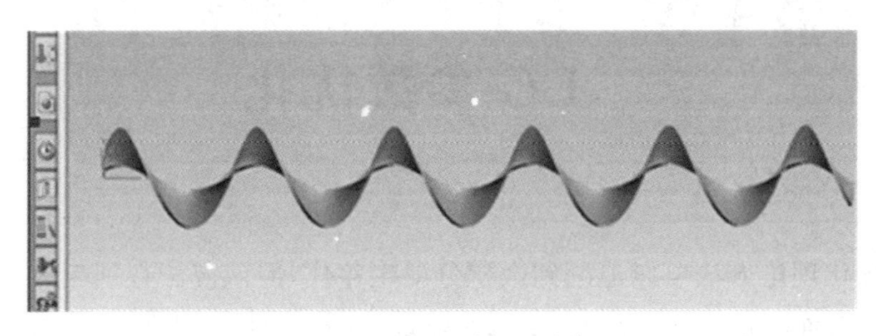

图3.11　更新的螺旋叶片

由图3.11可以看出，参数化建模相比传统方法来说，螺旋叶片的形状更加逼真，更加贴近真实结构，效率也大有提高。

小　结

本章首先对参数化设计的定义、发展、功能等做了介绍，剖析炸药装药机设计存在的不足及需要解决的问题，提出了乳化炸药装药机螺旋叶片的UG参数化设计方案来弥补其不足，并着重研究了叶片截面的造型方法和参数化设计的关键技术，通过C++语言对UG软件进行二次开发，建立了螺旋叶片的参数化设计系统，解决了参数化绘图问题，提高了效率。

第4章 基于GA的螺旋叶片UG参数优化

优化理论方法可以追溯到微积分诞生年代，但该方法直到与计算机结合后才发挥出它的巨大威力，在工业建设、工程设计、加工制造等领域创造出巨大经济效益和社会效益，并不断向深度和广度发展。如在机械制造领域，随着数控系统（CNC）的日臻完善，使用优化方法能根据工件材料、硬度、切削热及刀具磨损的实际状况在线检测加工工艺，选择并自动调整最佳的切削参数。探讨遗传算法对装药机螺旋叶片加工参数的优化计算，替代传统人工经验选择参数加工叶片质量低、效率差的情况，不仅能保证粉状炸药的性能稳定和安全，且在装药机研究领域也是新的突破。

4.1 螺旋叶片数控铣削工艺数据库系统

4.1.1 数据库设计要求

数控加工工艺参数的内容主要包括主轴转速 n、切削深度 a_p、切削宽度 a_e，这些参数的合理与否决定着工件的加工质量和加工效率。加工参数的选择受到许多因素的影响，包括刀具参数系统、工件材料系统、数控机床系统、工装夹具系统等，所以优化这些参数的前提是建立一个涉及这些信息的数据库，建立数据库的条件是信息量大而全，满足参数优化和计算的信息量要求，另外数据库要具备查询、编辑和修改功能，方便使用人员的管理和维护，占用内存要尽可能地少。

4.1.2　数据库系统功能模块及设计流程

功能模块包括登录模块、连接模块、查询模块、管理模块四个。分别满足:用户能够登录到数据库界面进行操作;用户能连接到计算机服务器;用户对数据库数据(工件、刀具、参数)的查询调用;用户对数据库的管理(数据修改、更新)。系统功能模块结构如图 4.1 所示。

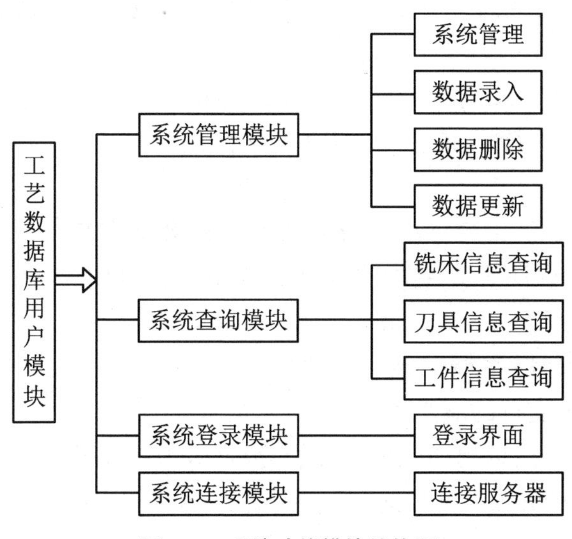

图 4.1　系统功能模块结构图

以更新数据库信息为例,数据库设计流程如图 4.2 所示。

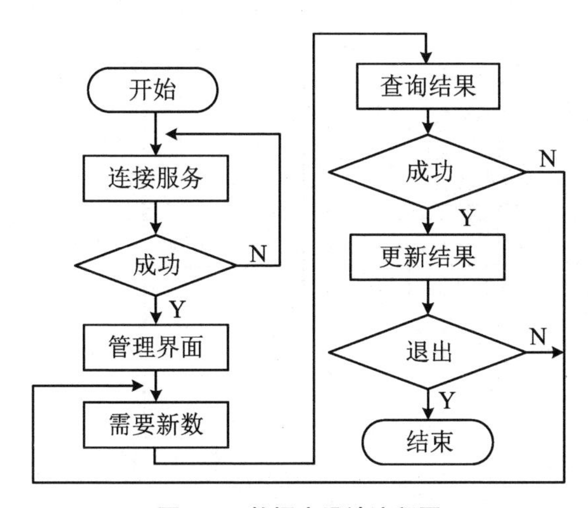

图 4.2　数据库设计流程图

4.2 数据库的设计与实现

装药机螺旋叶片数控铣削参数数据库的设计是一个复杂的系统工程，需要反复编辑、调试和完善。目前数据库的设计方法很多，但是基于逻辑和物理数据库设计为核心的规范设计方法占据主导，纵观各种设计方法各有特点，但大都需要经过需求分析、概念设计、逻辑设计、物理设计四个基本步骤。

(1) 需求分析：要对数据库的信息和需求进行分析，分析数据库要包含哪些数据，数据的特征描述，数据流量和使用频率等，它是设计数据库的基础。

(2) 概念设计：由分析用户需求到生成概念产品的一系列有序的、可组织的、有目标的设计活动，把数据及数据关系综合、归纳、抽象表示成概念设计模型。

(3) 逻辑设计：将概念结构转化成设计模型，该模型能够被 DBMS 支持，构建 DBMS 支持的应用程序。

(4) 物理设计：以提高数据库性能为目标，为设计模型选择物理环境，如数据存储形式和路线等。数据库设计流程如图 4.3 所示。

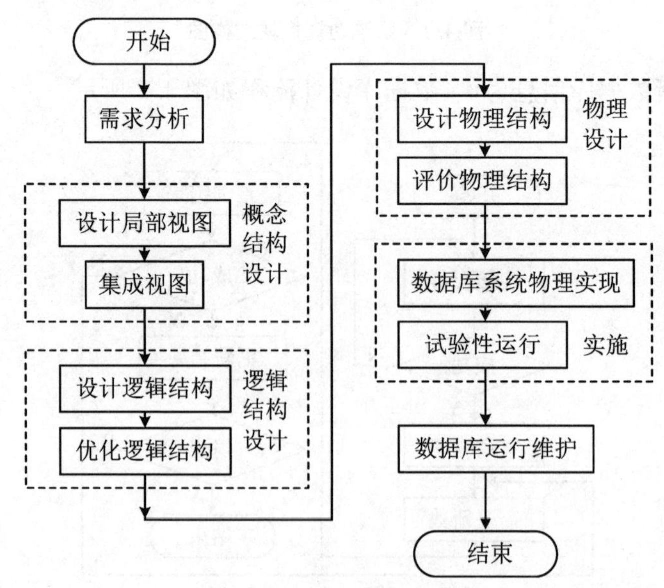

图 4.3 数据库设计流程图

依照上述步骤，为便于用户和设计者都能够理解，通过对数据库进行分析和论证，本书基于 SQL Server 2000 为支撑平台，将数据库所需求的数据和其关系采用实体-关系（E-R）模型方法，建立成独立于数据库的概念数据模型（CDM）即概念设计，确定实体-关系的个数，再进行逻辑结构设计和物理结构设计。物理结构模型主要由三个数据库构成：切削参数库、刀具库、用户权限库，切削参数数据库主要由刀具信息表、参数信息表等构成，每个信息表都有比较庞大的信息量，E-R 模型为：

（1）刀具信息：包括刀具型号、刀具材质、刀具前角 γ_0、刀具主偏角 κ_r、副后角 α_0、刀具副偏角、刀尖角 ε_r、刀具耐用度、刀具直径等。

（2）工件材料信息：包括硬度 HB、粗糙度 Ra、材质、精度 IT、可切削加工性、加工余量等。

（3）机床信息：包括主轴转速 n、主轴电机功率 P、定位精度 IT、铣床行程、铣床的进给速度、可达到粗糙度 Ra、机床型号、电机扭矩、重量等。

（4）切削液信息：包括使用状态、机床编号等。

（5）计算公式：包括刀具耐用度计算、切削力指数公式、切削功率计算、切削热计算、切深指数计算、每齿进给量指数、铣削方式影响系数等。各个信息表之间的联系如图 4.4 所示。

要对各个信息表建立逻辑数据模型，以机床信息表为例，建立的数据信息如表 4.1 所示。

表 4.1　机床数据信息表

字段名	数据类型（修饰符）	字节	必添字段	主键
纵向行程（y 轴）	int	4	Y	N
z 轴进给最小值	int	4	Y	N
总功率	float	8	Y	N
横向行程（x 轴）	int	4	Y	N
定位精度	float	8	N	N
z 轴行程	int	4	Y	N
x 轴进给最小值	int	4	Y	N
x 轴进给最大值	int	4	Y	N
y 轴进给最小值	int	4	Y	N
y 轴扭矩	float	8	N	N

续表

字段名	数据类型(修饰符)	字节	必添字段	主键
主轴锥孔	char	53	N	N
z 轴进给最大值	int	4	Y	N
x 轴扭矩	float	8	N	N
y 轴进给最大值	int	4	Y	N
z 轴扭矩	float	8	N	N
铣床型号	varchar	50	Y	Y

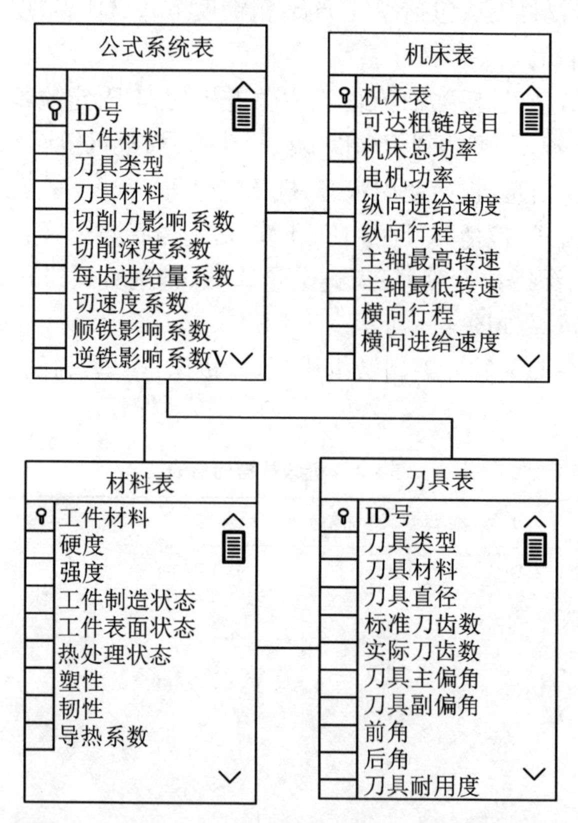

图 4.4　切削参数数据库各信息表之间关系的物理模型

将上述加工参数信息和数据采用现有的数据库软件 SQL Server 2000 建立数据库，通过编程调用的方法实现与数据库的连接，对数据库进行查询更新，使用数据库时，运行编写的程序对数据库访问，读取和存储数据，通用性和操作性较强。

4.3　数据库访问的解决方案

随着数据库产品和技术的发展，数据库访问技术也从ODBC、DAO、RDO、OLE DB、ADO和RDS发展到今天的ADO. NET，本数据库访问仍采用ADO(ActiveX Data Objects)技术，它是一个存取数据源的com组件。ADO是建立在OLE DB之上的一个用户程序，使用ADO的应用程序都要间接地使用OLE DB，开发技术的关键是数据库连接和数据源代码编写访问。

1. ADO数据模型

ADO数据对象包括七个独立对象：

(1) 连接对象(connection)，用于连接数据源且访问。

(2) 命令对象(command)，用于发出命令操作数据库，修改、删除、增加数据等。

(3) 记录集对象(recordset)。

(4) 属性对象(porperty)。

(5) 参数对象(parameter)。

(6) 域对象(field)。

(7) 错误对象(error)。

其中，连接对象、命令对象和记录集对象是开发数据库必备的。

2. ADO数据库访问技术使用的基本步骤及方法

针对ADO的对象默认的Visual C++是不支持的，用#import语句引用组件类型库(*. tlb)方可，并且这些组件类型库是ADO支持的，可被定位在其属性资源里，是DLL、EXE等文件的部分，比如被定位在nsbdo16. dll的附属资源中。在Stdafx. h文件中，实现#import引用如下所示的语句，其中，路径名可自行设定，#import类似于执行API函数LoadTypeLib()。

```
#import"c:\program files \common files \system \ado\
nsbdo16. d11"\no _namespace\
rename ("EOF","adoEOF")
```

实现ADO数据库访问技术的步骤如下：

(1) 打开数据库连接代码。

```
_ConnectionPtr m_p Connection：AfxOleInit()；
m_pConnection. CreateInstance("ADODB. Connection")；
try
{_bstr strConnect ="ProVider = SQLOLEDB.1；
Integrated Security = SSPI；Pefsist Security Info = False；
Initial Catalog = UserInfo；Data Source = ADMTRI - 07"；
m_pConnection -> Open("strConnect,","","",adModeUnknown)；
}catch(_com_error e){AfxMessageBox("数据库连接失败，
确认数据库 Dem.mdb 是否在当前路径下!")；return FALSE；}
```

(2) 执行查询功能(数据库记录、字段等)的代码如下所示。用_RecordsetPtr 智能指针打开查询库内数据表。

```
_ConnectionPtr m_p Connection：AfxOleInit()；
m_pConnection. CreateInstance("ADODB. Connection")；
try
{_bstr strConnect ="ProVider = SQLOLEDB.1；
Integrated Security = SSPI；Pefsist Security Info = False；
Initial Catalog = UserInfo；Data Source = ADMTRI - 07"；
m_pConnection -> Open("strConnect,","","",adModeUnknown)；
}catch(_com_error e){AfxMessageBox("数据库连接失败，
确认数据库 Dem.mdb 是否在当前路径下!")；return FALSE；}
```

(3) 断开数据库。

```
if(m_pRecordset! =NULL)；    /*关闭记录集和连接*/
m_pRecordset ->Close( )；
m_pConnection ->Close( )；    /*释放环境*/
::CoUninitialize()；
```

4.4 螺旋叶片 UG 工艺参数优化数学模型

上述建立的加工信息等数据库是参数优化计算求解的基础，只有建立科学的工艺参数优化数学模型，才能有计算的依据和收敛的标准，根据现代金属切削理论，分析影响螺旋叶片加工质量、效益因素，结合建立数据库的现状，建立螺旋叶片 UG 工艺参数优化数学模型。

4.4.1 设计变量

乳化炸药装药机推药螺旋叶片数控铣削的切削要素主要包括主轴转速n、进给量v_f、背吃刀量a_p和铣削宽度a_e[59]，是影响机床性能、刀具寿命、工件质量和加工效率的基本要素和主要参数，取其为设计变量，按一定顺序排列成数组：

$$X=\begin{Bmatrix} n \\ v_f \\ a_p \\ a_e \end{Bmatrix}=\{n,v_f,a_p,a_e\}^{\mathrm{T}} \tag{4.1}$$

式中，四个设计变量可以用四维空间中的一个点来表示，设计空间即是无限个点的集合，优化参数就是找到空间中的一个最优解。

4.4.2 目标函数

优化设计的目的就是在一切可行方案中评选出一个最优方案，这就需要衡量设计方案的标准，即目标函数。螺旋叶片数控铣削参数优化的目标函数应最大限度地提高生产效率和经济效益[60]，在保证加工质量的前提下，满足生产设备、检验、工艺等条件的要求，将加工成本和生产率作为铣削参数优化的目标函数[60]，这是一个综合目标，随成本、生产率、加工参数可变，理论上这是相对合理的，但实际上状态的多变以及加工情况不同，操作者会选取不同的权重。为使优化目标能反映各种加工情况要求，采用多目标函数线性加权求和用于对生产效率和成本的多目标函数的综合评价比较科学，公式如下[61]：

$$\phi=\lambda_1\frac{t}{t_n}+\lambda_2\frac{c}{c_n} \tag{4.2}$$

式中，λ_1，λ_2是加权系数，反映加工时间和成本的重要性所占权重，由工艺人员确定，本书选取$\lambda_1=\lambda_2=1$；t_n，c_n分别为依据经验选择的铣削时间和加工成本。

假设数控加工螺旋长度为l_w，使用刀具为球头合金刀具直径为D，切削速度为v_f，加工中换刀的辅助时间为t_{ct}，衡量寿命的刀具耐用度为T，则需要加工工时的计算公式为[33]

$$t=\frac{l_w}{v_f}\left(1+\frac{t_{ct}}{T}\right)+t_0 \tag{4.3}$$

式(4.3)虽然描述的是最短加工时间，但从内涵上说，与最高生产率意义相同。铣削刀具的耐用度公式为[33]

$$T=\frac{k_T\,C_T\,D^q}{n^{1/m}\,v_f^{\,1/n}\,a_p^{\,1/p}\,a_e^{\,1/u}\,z^{1/\omega}} \tag{4.4}$$

式中，D为铣刀直径；a_e为铣削宽度；z为铣刀齿数；C_T为系数；m,n,p,u,ω为指数；k_T为修正系数；v_f为进给速度；a_p为切削深度；n为主轴转速。

将式(4.4)代入式(4.3)，求得与设计变量等因素有关的数控铣削加工工时的公式为

$$\begin{aligned}t&=l_w\,v_f^{-1}+l_w\,v_f^{-1}\frac{t_{ct}\,n^{1/m}\,v_f^{\,1/n}\,a_p^{\,1/p}\,a_e^{\,1/u}\,z^{1/\omega}}{k_T\,C_T\,D^q}+t_0\\&=A\,v_f^{-1}+B_x\,v_f^{(1/n)-1}\,n^{1/m}\,a_p^{\,1/p}\,a_e^{\,1/u}+t_0\end{aligned} \tag{4.5}$$

式中，$A=l_w$；$B_x=\frac{At_{ct}z^{1/\omega}}{k_TC_TD^q}$。

假设单位时间生产成本为c_0，单位为元/分钟；刀具成本为c_t，单位为元/个。推导出加工成本的计算公式为

$$C=\frac{l_w}{v_f}\left(c_0+\frac{c_0t_{ct}+c_t}{T}\right)+t_0c_0 \tag{4.6}$$

将式(4.4)代入式(4.6)，得

$$\begin{aligned}C&=l_wc_0v_f^{-1}+\frac{l_w(c_0t_{ct}+c_t)}{k_TC_TD^q}v_f^{(1/n)-1}n^{1/m}a_p^{\,1/p}a_e^{\,1/u}z^{1/\omega}+t_0c_0\\&=Ev_f^{-1}+Fv_f^{(1/n)-1}n^{1/m}a_p^{\,1/p}a_e^{\,1/u}+G\end{aligned} \tag{4.7}$$

式中，$E=l_wc_0$；$F=\frac{l_w(c_0t_{ct}+c_t)z^{1/\omega}}{k_TC_TD^q}$；$G=t_0c_0$。

将式(4.5)、式(4.7)代入式(4.2)，求得多目标(加工成本、生产率)螺旋叶片加工参数优化的评价函数为

$$F(X)=\left(\frac{A}{t_n}+\frac{E}{c_n}\right)v_f^{-1}+\left(\frac{B_x}{t_n}+\frac{F}{c_n}\right)v_f^{(1/n)-1}n^{1/m}a_p^{\,1/p}a_e^{\,1/u}+(t_0+G) \tag{4.8}$$

4.4.3 约束条件

在优化设计中，对设计变量取值时的限制条件称为约束条件。约束条件在数学上一般用不等式约束，公式为

$$g_u(X) \geqslant 0 \quad \text{或} \quad g_u(X) \leqslant 0 \quad (u = 1,2,\cdots,m) \tag{4.9}$$

分析装药机螺旋叶片在数控加工中的影响因素可知，约束条件包括以下情况：

1. 机床切削功率约束

数控机床功率是切削能力的主要参数，消耗在切削过程中的功率，为防止机床过载，数控铣床的实际切削功率要小于有效功率，即约束的条件表达式为

$$g_1(X) = P_{\mathrm{m}} - [P_{\mathrm{E}}] \cdot \eta_{\mathrm{m}} \leqslant 0 \tag{4.10}$$

式中，η_{m}为机床的传动效率，一般取 0.75～0.85；$[P_{\mathrm{E}}]$为数控机床的最大许用功率，单位是 kW；P_{m}为数控机床的切削功率，单位是 kW，它是 F_z，F_y，F_x 在切削过程中单位时间内所消耗功率的总和，F_z 为主切削力，单位为 N；F_x 为进给力，单位是 N；f 为进给量，单位是 mm/r。于是机床功率的公式为

$$P_{\mathrm{m}} = \left(F_z v_{\mathrm{f}} + \frac{F_x n_{\mathrm{w}} f}{1\,000}\right) \times 10^{-3} \tag{4.11}$$

式中，v_{f}为切削速度，单位是 m/s；n_{w}为工作转速，单位是 r/s。

2. 机床切削力约束

切削力即切削时刀具切入工件，使被加工工件材料发生变形所需的力。切削力主要来自于变形与摩擦，是设计和使用机床、刀具、夹具的必要依据。实际的切削力要小于数控机床主轴的最大进给力，即约束的条件表达式为

$$g_2(X) = kF_z - [F] \leqslant 0 \tag{4.12}$$

式中，$[F]$为机床许用进给力；k 为数控机床进给系数；F_z为主切削力，即主运动方向上的切削分力，单位为 N。F_z的计算公式为

$$F_z = C_{\mathrm{FZ}} a_{\mathrm{p}}{}^{x_{\mathrm{FZ}}} f^{y_{\mathrm{FZ}}} v^{n_{\mathrm{FZ}}} k_{\mathrm{FZ}} \tag{4.13}$$

式中，k_{FZ}为加工条件不符合实验条件，各影响因素对切削力的修正系数；C_{FZ}为影响系数，其大小与实验条件有关；f 为进给量；x_{FZ}，y_{FZ}，n_{FZ}分别是 a_{p}，f，v 的指数值。

3. 零件表面粗糙度约束

零件加工要达到其表面粗糙度的要求，这一约束的条件表达式为

$$g_3(X) = x_2 - \sqrt{\frac{R_{\max}}{8\,r_{\mathrm{e}}}} \leqslant 0 \tag{4.14}$$

式中，R_{max}为粗糙度最大值；r_e为刀具圆角大小；x_2 为 f 设计变量进给速度。

为达到被加工表面的粗糙度要求，那么对应的每齿进给量有一定的限制。粗铣时，每齿进给量一般选取 0.2～0.4 mm。精铣及半精铣时，每齿进给量如表 4.2 所示。

表 4.2　精铣半精铣粗糙度与每齿进给量关系

序号	粗糙度值 Ra(μm)	每齿进给量 a_p(mm)
1	0.8	0.1～0.15
2	1.6	0.2～0.25
3	3.2	0.25～0.30

4. 系统弹性变形约束

系统最大弹性变形量约束的条件表达式为

$$g_4(X)=F_y[\delta]\cdot\left[\frac{1}{k_w}\left(\frac{L}{L_0}\right)^2\cdot\frac{(L_0-L)^2L^2}{3EIL_0}+\frac{1}{k_t}\left(\frac{L_0-L}{L_0}\right)^2+\frac{1}{k_d}\right]\leqslant 0 \tag{4.15}$$

式中，$[\delta]$为机床加工系统许用变形量；L_0为铣削螺旋工作台上双顶尖加工螺旋时的螺旋长度；I 为工件惯性矩；L 为左顶尖到铣刀的距离；F_y 为推药螺旋的径向切削力；k_w，k_t，k_d分别为铣削固定螺旋的尾座、动力头架、刀架刚度系数；E 为工件弹性模量。

5. 进给速度约束

刀具强度允许的进给速度约束的条件表达式为

$$g_5(X)=v_f-v_p\leqslant 0 \tag{4.16}$$

式中，v_p为刀具许用进给速度；v_f为刀具实际进给速度。

6. 切削深度约束

刀具耐用度和机床系统强度、刚度允许的条件下，切削深度约束的条件表达式为

$$g_6(X)=a_p-a_{pmax}\leqslant 0 \tag{4.17}$$

式中，a_p为实际切削深度；a_{pmax}为最大切削深度。

7. 切削扭矩约束

切削扭矩约束的条件表达式为

$$g_7(X) = \frac{F_z \cdot d}{2\ 000} - M_{\max} \leqslant 0 \qquad (4.18)$$

式中，d 为刀具直径。

8. 主轴转速约束

主轴转速约束的条件表达式为

$$g_8(X) = n - n_{\max} \leqslant 0 \qquad (4.19)$$

4.4.4　优化问题的数学模型

综上所述，所描述螺旋叶片加工参数优化数学模型为

$$\begin{aligned} &\min F(x_1, x_2, x_3, x_4) \\ &\text{s.t.} \quad g_i(x_1, x_2, x_3, x_4) \leqslant 0 \quad (i = 1, 2, \cdots, 8) \end{aligned} \qquad (4.20)$$

由式(4.20)可以看出，该优化设计模型涉及四个设计变量，数量比较多，给问题的求解带来了难度，由于求解对象是约束化问题，所以引入惩罚函数对适值函数进行处理，将目标函数和不等式约束函数构成新的目标函数：

$$\phi(X, r) = F(X) + r^{(k)} \sum_{i=1}^{8} \frac{1}{g_i(X)}$$

式中，$r^{(k)}$ 为惩罚函数。

4.5　螺旋叶片基于 GA 加工参数优化方法

优化算法就是通过一定规则和算法满足用户问题的求解，找寻科学的算法和适宜的规则是关键。[62] 切削用量的优化实质上是一个复杂的非线性规划问题[58]，现代设计理论的凸函数法对本书的优化对象不适用，因为优化的目标函数是一个多元的高阶函数，判断凸函数具有一定难度，如果计算出多个极值点，比较其大小确定最优解，必然会陷入局部最优解。

遗传算法(genetic algorithm，GA)又称基因算法，最先是由 John Holland 教授于 1975 年提出的，是一种源于自然遗传进化规律的寻优算法，是求解极值问题的一类自组织、自适应优化方法，特别适用于系统最优化研究，遗传算法是切削参数优化的最佳算法之一。GA 将求解的问题表示成“染色体”，并置于生存环境中，通过复制、再生、交叉、变异生成更优异的新

一代，求得问题最佳解。

4.5.1 串的编码方式

串的编码方式的原理是把需要解决的问题构建成一个个参数，再把这些诸多的参数表示成子串，并以二进制形式将子串拼接成"染色体"串，这样一来可以使算法简便，另外可以通过串的编码长度提高算法精度及其收敛性。倘若铣削速度 v_f 为 1 m/min，铣刀每齿进给量 f_z 分辨精度为 0.001 mm，需要用 16 位二进制数的物种编码实现，即 [10110100] [01100100]。基于该原理，螺旋叶片铣削参数数学模型有 4 个设计变量，需要有 4 段二进制编码表示串长度[60]，第一段为参数 n，第二段为参数 v_f，第三段为参数 a_p，第四段为参数 a_e，共计 32 位二进制码如下：

[8 位，参数 n] — [8 位，参数 v_f] — [8 位，参数 a_p] — [8 位，参数 a_e]

4.5.2 初始群体生成和更新

生成初始群体时，要使生成的个体保持初始群体的多样性。遗传算法的对象是种群，将主轴转速 n、进给量 v_f、背吃刀量 a_p 和铣削宽度 a_e 作为一个结构对象（即种群的一个因子），大量因子组成种群。UG 参数多，分布范围广，更能保证初始种群的分散性和正态性，利于收敛到全局最优解。群体更新时，要用适应度高于父代的个体替换父代适应度差的个体。新种群的产生依赖于染色体的长度、群体规模、交叉概率和变异概率等。计算目标函数值和适应度值时将结构对象的参数值分配给各个变量。[66]

4.5.3 适应函数的构建和适应度计算

在优化设计和计算中，使群体中的个体达到或接近于找到最优解的度量方法称为适应度，是描述群体中个体优劣的尺度，求解适应度的测量函数称为适应函数（fitness function）。

1. 无约束问题适应函数计算[67]

假设 $f(x)$ 是无约束的目标函数，可以取正也可以取负，满足目标函数值的解，x 可以是最大值也可以是最小值，根据遗传算法原理，$f(x)$ 只能取正值，且值越大说明个体越优越，对于最小值情况的适应函数为

$$f(x) = k - g(x) \tag{4.21}$$

式中

$$k \geqslant \max\{g(x) \mid x \in X\}$$

其中，X 是所有可行解的集合。对于可能产生负值情况的最大值问题，适应函数为

$$f(x) = |m| + g(x)$$

其中

$$m = \min\{g(x) \mid x \in X\} < 0$$

2. 有约束的适应函数计算

极值问题

$$\begin{aligned} &\max\ g(x) \\ &\text{s.t.}\quad h_i(x) \leqslant 0 \quad (i = 1,2,\cdots,n) \end{aligned}$$

适应函数关系为

$$f(x) = g(x) - \alpha \sum_{i=1}^{n} \phi[h_i(x)] \tag{4.22}$$

式中，ϕ 为惩罚函数；α 为惩罚系统，取 $\phi[h_i(x)] = h_i^2(x)$。

遗传算法理论首先要满足非负适应函数，实际运算要对适应度先比较排序，确定被选择概率，为此将目标函数公式(4.21)的最小值转换成最大目标函数方便收敛计算，即

$$F(X) = E_{\max} - \phi \tag{4.23}$$

式中，$E_{\max}$ 是一个大于群体中最大值的合适输入值；ϕ 是目标函数。

4.5.4 遗传算法自身参数设定

遗传算法的三个参数是变异概率 P_m、群体大小 n 以及交叉概率 P_e。n 值太小则加大求最优解的搜索难度，n 值太大则延长收敛时间，一般 n 的合适取值范围为 30～160；P_e 值太小则无法向前搜索，P_e 值太大则容易破坏高适应值结构，一般 P_e 取值范围为 0.25～0.75；P_m 取值太大则成了随机一维搜索优化方法，P_m 太小则难以形成新的基因结构，一般 P_m 取值范围为 0.01～0.20。遗传算法有选择、交叉和变异三种主要操作[67]。

1. 选择操作

选择操作常用适应度比例法(轮盘赌注法),是 Holland 设计的一种满足"适者生存"原则的随机抽样方案,特点是个体被选概率 p_i 正比于适应值,公式为

$$p_i = \frac{f_i}{\sum_{i=1}^{n} f_i} \tag{4.24}$$

式中,n 是给定 $x_1, x_2, \cdots, x_n$ 种群的 n 个个体,f_i 为个体 i 的适应度。该关系式的含义是占比例越大的个体,保证优良个体被选择机会越大,劣质个体也有一定的生存机会,比例大的个体代表基因结构遗传给下一代的可能性大。

2. 交叉操作

交叉是遗传算法产生新染色体的基本操作,与自然进化一样,既能保持原来群体中优良的个体特性,又能使算法探索新的基因空间,保持新个体的多样性。常用的交叉算法有单点交叉、多点交叉和均匀交叉,交叉概率依据适应度而变化,关系式为

$$p_e^{(k)}(m+1) = \exp\left(\frac{f(x^*) - \bar{f}_k}{f(x^*)}\right) \cdot p_e^{(k)}(m) \tag{4.25}$$

式中,$p_e^{(k)}(m)$为 m 代群体每个个体第 k 个基因的适应度,$k=1,2,\cdots,F$,F 是编码长度;$f(x^*)$为当前最优解;平均适应度$\bar{f}_k$ 的计算公式为

$$\bar{f}_k = \frac{f(x_2) + f(y_2)}{2} \tag{4.26}$$

3. 变异操作

变异操作是指为避免陷入局部最优解,以局部搜索能力作为交叉算法的一种寻优过程的遗传操作方法。

4. 优化过程

首先明确优化设计和研究对象的变量,并用计算机的规定语言和遗传算法的规则对此进行编码,形成字符串,依照遗传算法准则和设计的公式随机产生个体数目一定的初始种群;然后将产生的初始种群(不被计算机直接计算)解码后计算适应度,对结果进行优化准则判断,只有符合优化准则才

能执行产生新种群遗传操作，实现对解的优胜劣汰，一步一步地逼近问题的最优解，具体步骤见图4.5。

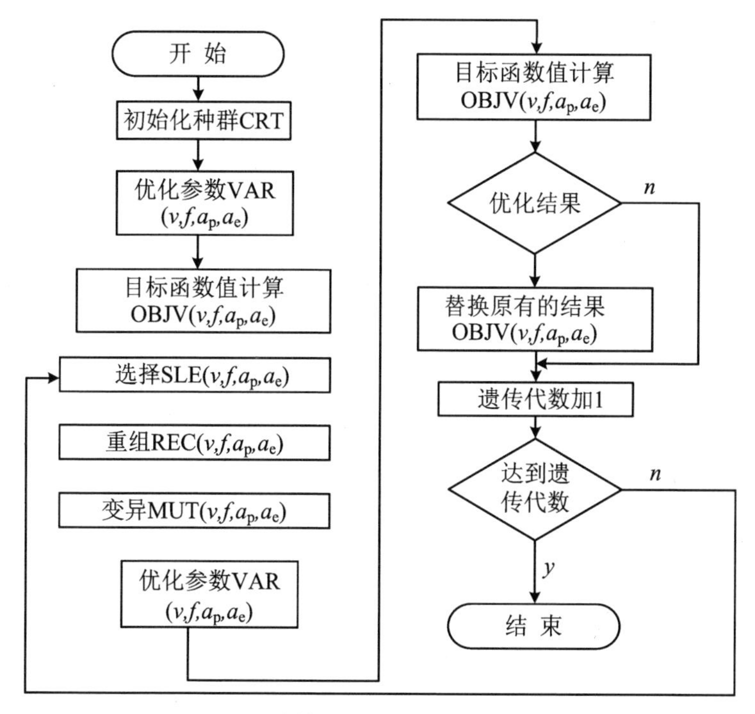

图4.5　遗传算法求解过程及数据结构流程

4.6　螺旋叶片基于UG切削参数优化系统开发

4.6.1　铣削参数优化系统功能和总体构架

切削参数的最终确定需要经过许多影响因素的综合评定，为了方便用户使用和准确确定加工参数，要具有数据库管理和优化的功能，要拥有数控加工参数数据库，数据库中有机床、刀具、材料、工艺、参数等必备信息数据表[65]，且要能升级、扩展，还有使用方便安全等功能要求。

本系统的总体构架采用客户机/服务器(C/S)结构，客户端主要是由用户界面(包括用户名、密码等权限验证)，通过用户访问数据库信息系统，选择机床型号、工件材料、刀具的有关参数，通过数据库参数优化系统输出数据库中刀具、机床、夹具、工件材料、工艺系统信息等[65]，利用遗传算法规则通过优化计算实现最高生产率、最低成本等多目标函数的加工参数优化。总体构架为用户界面、数据库系统、参数优化系统、数据库管理系统和数据打印系统等五个部分，优化系统总体结构图如图 4.6 所示。

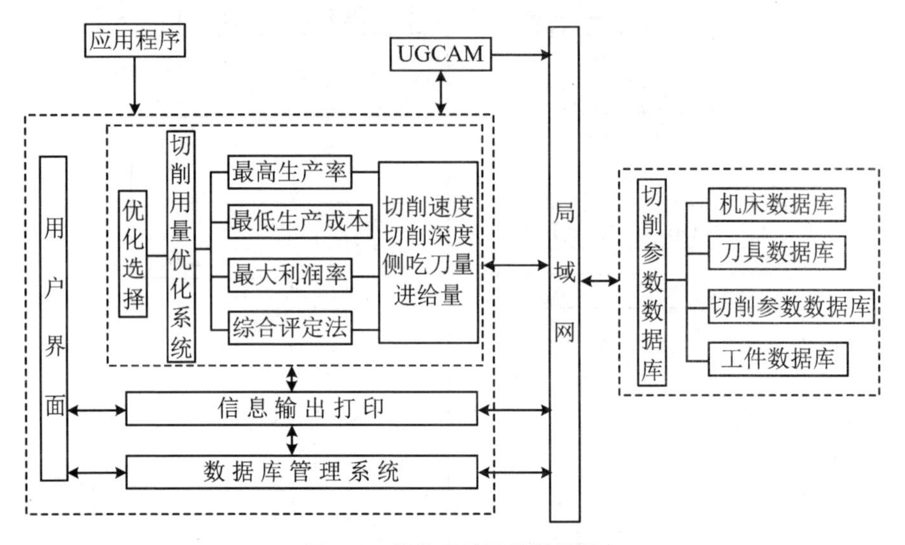

图 4.6　优化系统总体结构图

4.6.2　面向对象的系统实现关键技术

开发面向操作对象的数控切削参数优化系统的 UG 应用程序软件，其设计理念是按照系统的功能要求分为功能独立的各个模块，包括数据输出打印模块、参数优化模块、数据库模块、用户界面模块等，程序中各个模块对数据库参数表中的数据通过接口技术（数据库开放互联）访问，在用户界面上根据需求操作各个模块。

1. 用户界面

用户通过系统操作界面与 UG 程序交互操作，访问优化系统和数据输入等。利用 UIStyler 可以完成 UG 用户界面及对话框应用程序开发，但需要通过调用 MFC（Microsoft Fondation Classes）的方式完成，UG 不能直接调用 MFC，UG/Open API 不支持 MFC，利用 C＋＋应用程序创建向导来创建应用程序（＊.dll），解决 UG 不能直接调用 MFC 的问题。UG 载入＊.dll 后，通过入口函数 ufusr( )构造并显示由 MFC 创建对话框类的一个对象，用户可以通过这个对话框，实现对MFC的调用，与UG进行交互操作。

2. 系统的数据结构

所谓数据结构是指数据的组织形式或数据之间的联系，如果用 D 表示数据，用 R 表示数据对象之间存在的关系集合，则将 DS=(D,R)称为数据结构。它包括数据的逻辑结构、数据的存储方式和数据的运算三个方面的内容。数据通过链接、索引等方式存储，数据的运算方式主要是检索、删除和更新等，在数据的存储结构上完成运算。参数优化计算（遗传算法求解）和数据结构流程如图4.5所示。[66]

数控加工参数优化系统中的数据流程为：C++通过用户界面提取数控加工方式（数铣）数据，再提取优化目标函数计算及其系统数据，最后用MATLAB 6.5完成基于遗传算法的参数优化计算并返回到C++界面，讨论其数据存储和逻辑关系。[66]

为了调用MATLAB 6.5中的函数并进行参数优化计算，需要把C++提取的数据转化成MATLAB 6.5的矩阵类型，MATLAB的基本数据类型是矩阵[66]，其转换过程如下（以刀具直径为例）：

```
DoubleX1[1]={m_edit_djzj_d}; //转换成一维数组格式
mxArray * A=NULL; //调用软件 MATLAB 创建矩阵
mlfAssign(&A,mlfDoubleMatrix(1,1,x1,NULL));
mlfAssign (&M,mlfXyi(&N,&0,&P,B,C,D,E,F,G,H,I,J,K,
  L)); //调用 MATLAB 6.5 函数优化目标，其中 M,N,0,P 对应的地
  址用来存放计算结果，A～L 用来存放界面中提取的变量值
double * md=mxGetPr(M);
result=md[0];
//result 指针指向结果输出框
```

3. 系统参数遗传算法实现

参数函数优化使用的软件是MATLAB 6.5，界面的实现使用的软件是VC++ 6.0，整个系统由MATLAB 6.5和VC++ 6.0联合开发而成。MATLAB(Matrix Laboratory)是美国Math Works公司推出的一种仿真图形处理和数值计算多功能语言，以MATLAB为平台编制的遗传优化工具箱(GAOT)可以利用MATLAB的强大功能进行遗传算法(GA)的优化运算。实现过程为首先打开MATLAB 6.5软件，输入C:\AMATLAB6p5\

toolbox\gaot，再添加 which b2f. m，添加成功后即可编写程序[66]：

```
function[Iv,fz,ap,ae]=Xyi(d,L,M,Z,tct,Cv,z,w,Ct,tot,x,y)
%#function SUS
%#function xovsp
MUN=50;//种群个数
eranum=50;//最大迭代次数
PRE=25;//变量的二进制位数
NVAR=4;//变量数
GGAP=0.9;//代沟(90%的个体发生了变化)
AreaD=[repro([PRE],[1,NVAR]);repro([1;3],[1,NVAR]);
repro([1;0;1;1],[1,NVAR])];//区域描述
Chrom=crtbp(NUM,NVAR*PRE);//初始化种群
gene=();//代计数
trace=zeros(eranum,2);//寻优结果
FVApAe=bs2rv(Chrom,AreaD);//种群的十进制转换
v=FVApAe(:,1);//获取 v 值(种群)
f=FVApAe(:,2);//获取 f 值(种群)
ap=FVApAe(:,3);//获取 ap 值(种群)
ae=FVApAe(:,4);//获取 ae 值(种群)
A=Lw;//Lw 为工件长度
E=Lw*Co;//Co 为单位时间生产成本
Bx=(A*tct*(exp((1/ω)*log(Z))))/(Kt*Ct*(exp((q)*log
  (D))));
    //tct 为换刀时间
    //Z 为铣刀齿数
    //q、ω 为指数
    //KT 为修正系数
    //Ct 为刀具成本
    //D 为铣刀直径
F=(A*(Co*tct+Ct)*(exp((1/ω)*log(Z))))/(Kt*Ct*(exp
  ((q)×log(D))));
objvalue=(((A/tn)+(E/Cn))/Vf)+((A*tct*(exp((1/ω)*log
  (Z))))/(Kt*Ct*(exp((q)*log(D))))/tn)+(((A*(Co*tct+
```

```
    Ct)*(exp((1/ω)*log(Z))))/(Kt*Ct*(exp((q)*log(D))))/
    Cn))*((exp(((1-n)/n)*log(Vf)))*(exp((1/m)*log(n)))*
    (exp((1/p)*log(ap)))*(exp((1/u)*log(ae))));//计算目标函
    数值
while gene<eranum;
FitnV=ranking(objvalue);
SelCh=sel('sus',Chrom,FitnV,GGAP);//选择
SelCh=rec('xovsp',SelCh,0.7);//重组
SelCh=mutate(SelCh);//变异
FVApAe=bbs3rv(SelCh,AreaD);
v=FVApAe(:,1);//获取v值(种群)
f=FVApAe(:,2);//获取f值(种群)
ap=FVApAe(:,3);//获取ap值(种群)
ae=FVApAe(:,4);//获取ae值(种群)
objvalueSel=(((A/tn)+(E/Cn))/Vf)+((A*tct*(exp((1/ω)*log
    (Z))))/(Kt*Ct*(exp((q)*log(D))))/tn)+(((A*(Co*tct+
    Ct)*(exp((1/ω)*log(Z))))/(Kt*Ct*(exp((q)*log(D))))/
    Cn))*((exp(((1-n)/n)*log(Vf)))*(exp((1/m)*log(n)))*
    (exp((1/p)*log(ap)))*(exp((1/u)*log(ae))))
[Chromobjvalue]=reins(Chrom,SelCh,l,1,objvalue,objvalueSel);
gene=gene+1;
[YI]=min(objvalueSel);//寻找最小值及序号
trace(gene,1)=min(objvalue);//性能追踪
trace(gene,2)=sum(objvalue)/length(objvalue);
end
```

4. MATLAB 6.5 与 VC++ 6.0 的接口实现

目前应用最为广泛的仿真和开发软件是 MATLAB 6.5 和 VC++ 6.0。MATLAB 6.5 提供工具箱函数,仿真功能强大,但执行程序速度慢、效率低,尤其是大规模的数据计算力不从心。而 VC++ 6.0 执行程序速度快、效率高,编程与数据运算功能非常强大,但仿真功能不及 MATLAB 6.5。为此兼顾两个软件的优点,利用 MATLAB 6.5 的接口技术,实现 MATLAB 6.5 和 VC++ 6.0 联合编程,方法有三种:

(1) 通过引擎。

(2) 应用 MATLAB 数学函数库。

(3) 通过 DLL 实现 VC 与 MATLAB 的混合编程。

其中,第一种方法对调用 MATLAB 的工具箱很实用,本系统采用 VC++ 6.0 调用 MATLAB 6.5 函数编译后的动态链接库的方法,MATLAB 6.5 相关文件通过编译器的命令 mcc 可以直接被 VC++ 6.0 利用,其接口实现的方法说明如下[66](以效益为例):

(1) 在 MATLAB 6.5 命令行键入 mcc-t-h-Lc-Wlib:xyil-Tlink:libxyi.m,将 m 文件转变成链接库文件,用到其中的 xyi.h、xyi.lib、xyi.dll 三个文件,并拷贝到参数化系统的工程目录下。[66]

(2) 设置 VC++ 6.0 的编译环境。

(3) 添加库文件 libmx.lib、xyi.lib、libmmfile.lib、libmatlb.1ib。通过 Projects/settings 的 Link 页面复选框 object/library Modules 添加。[66]

(4) 在 cpp 文件中加入代码:#include"xyi.h"。

(5) 在应用程序中添加调用 MATLAB 引擎程序代码如下所示,这样就完成了 VC++ 6.0 和 MATLAB 6.5 的结合。

```
{Engine *ep; if(!(ep = engOpen("\0")))
{fprintf(stderr, "\n Can't start MATLAB engine \n");exit(-1);……}}
```

4.6.3 数据输出打印模块与数据库管理

系统要能实现优化数据的保存、输出和打印,并能将其送入到 UGCAM 模块中。为了完善扩充系统的功能,可增加一些实用的浏览和查询等功能,使操作人员根据加工需要可以随时查询到机床、刀具、工件等数据信息,可以根据需要匹配到合理的切削用量,起到加工工艺手册的作用。这不仅丰富了数据库,且实现了传统的查询切削用量与现代切削用量优化系统方法的有机结合,优势互补。

为了数据库的持续有效,必须对数据库中的信息及时添加、删除和修改,包括机床信息、刀具信息等。数据库的管理许可在客户端和服务器端进行,允许系统管理员和有权限用户进行数据库的维护和管理。数据库管理模块在客户端采用 SQL Server 2000 作为底层支持[67],实现数据库与 UG 软件的集成依靠 VC++开发的接口程序和 SQL 语言进行。

4.7　螺旋叶片UG参数化系统的应用效果

将开发的基于UG的切削用量优化系统，应用于粉状乳化炸药装药机螺旋叶片的加工。叶片材料选择为碳素结构钢(σ_b=0.65GPa、HB=195)，表面粗糙度值Ra=0.8～1.6 μm，使用硬质合金球头刀具在车铣中心加工，叶片尺寸精度等级为IT6级。进入优化系统后，根据工件加工质量和精度等级需要，选定机床信息、刀具信息、冷却液信息等。置入相关参数后，按照上述基于遗传算法，以最大生产率和最低加工成本为目标的综合评定优化求解程序出行求解。初始种群选90，最大变异概率为0.05，迭代次数为200次。[67]由公式(4.5)、(4.7)、(4.8)计算的结果如表4.3所示。

表4.3　加工参数优化结果

项目	主轴转速 S(r/min)	进给速度 F(mm/min)	切削深度 a_p(mm)	加工成本 (元)	切削宽度 a_e(mm)	工时 (s)
工厂经验参数	1600	153	5	9.8	10	328.52
优化参数结果	1610	168	5	7.6	10	260.79

从表4.3中可以看出主轴转速、进给速度优化参数比工厂经验参数值稍大，但加工成本下降22%，加工工时下降20.6%，成品率为99.8%，成品率比经验法大幅度提高，疵病主要集中在叶片的同轴度和圆柱度有超差现象，如果稍加修理还可应用在其他种类的炸药装药机上，实现变废利用，降低成本。系统能实现用软件自动完成螺旋叶片的切削用量优化目的，用其工艺制成的螺旋叶片安装的粉状乳化炸药装药机在安徽雷鸣科化公司徐州炸药厂试产应用装药，依照国标《乳化炸药》(GB 18095－2000)测试炸药殉爆和爆速等性能皆满足要求，整体设计和选材也满足《火药、炸药生产安全规程》(WJ 2565－2001)的要求，炸药性能和质量明显提高。

另外，本系统主要采用C＋＋等软件开发，有良好的通用性、扩充性和可移植性，针对乳化炸药装药机螺旋叶片加工及其相关产品都能与UG及常用CAD/CAM软件无缝集成。编程人员通过对该系统的使用，可以高效地优化出一组参数满足低成本、高质量的要求，具有很强的应用价值。可作为民爆生产企业单位CAD/CAM/CAPP/PDM系统的重要组成部分，在生产中引领和示范达到资源共享、高效加工的作用。

小　结

本章针对粉状乳化炸药装药机螺旋叶片传统的依靠经验选择参数加工叶片质量差、效率低的缺陷，提出用遗传算法优化加工参数的措施。首先针对螺旋叶片数控加工要素、需求功能模块，建立了工艺数据库系统，以此为基础构建了效益成本的目标模型，运用GA技术对叶片UG数控加工参数进行优化计算，并利用C++等软件开发系统，最后将优选参数和传统经验参数进行对比验证，达到预期目的，用其制成的乳化炸药符合国标《乳化炸药》(GB 18095—2000)的各项性能要求。

第5章　结论与展望

5.1　结　　论

本书是作者前期从事的科技部专项资金项目“工业粉状乳化炸药成套设备”的延续和拓展。因为粉状乳化炸药“易破乳”的药理特性，开发大产能、高安全性装药机是行业研究的难点，影响因素也是多方面的。本书仅针对研究中的盲点，围绕装药结构形式、设计方法、质量效益提高等方面开展了一系列研究工作，经过几年的努力，专题研究暂时告一段落，总结工作与成效主要有以下几个方面：

(1) 通过大量试验和资料查询获得了粉状乳化炸药理化性能和粉体特性的第一手资料，这为后期研究适宜的装药密实结构原理提供了技术支撑和依据。

(2) 依据粉状乳化炸药的粉体特性，为解决装药中炸药“破乳”的技术问题，经过试验考察了振动装药密实和螺旋叶片装药密实工艺，通过对传统螺旋叶片的结构改进和工艺参数优化，实现了装药中不“破乳”，减少了摩擦“热点”，确保了炸药性能的稳定和生产的安全性。

(3) 经过改进的螺旋叶片，把传统的分体结构改进成整体式变曲面结构，分析沿用传统的 AutoCAD 设计方法的不足和弊端，提出 UG 参数化设计理念，对此，重点研究了螺旋叶片的造型技术和参数化绘图，通过应用 C++语言对 UG 软件的二次开发，创建了参数化绘图系统，提高了设计效率，使螺旋叶片的可修改性和重用性较强，也解决了传统设计螺旋叶片造型和工艺的技术难题。

(4) 螺旋叶片的尺寸精度和表面质量对炸药性能和安全性至关重要，围绕如何改进性能和提高安全性，在分析调研传统螺旋叶片依据经验选取加工参数在普通铣床完成加工，叶片尺寸精度低、表面质量差、效率不高等问题的基础上，运用现代参数优化技术给予解决。为此开展了叶片加工要素数据库的研究和方案设计，实现建库和访问，通过建立螺旋叶片成本、效益目标函数模型，再研究运用GA技术实现对参数的优选计算，运用C++开发出基于UG螺旋叶片参数化系统。最后通过加工试验，对比GA优化参数与传统工艺参数，前者能显著提高质量和效益。

(5) 将上述叶片改进研究和UG参数设计与优化成果，应用于螺旋叶片产品，并将其装配在粉状乳化炸药装药机中，经装药试验，效果明显，装药不"破乳"，炸药性能稳定，产品符合国标《乳化炸药》(GB 18095—2000)的各项性能要求。

5.2 展　望

整个研究达到了预期的研究目标，但是影响装药机装药性能的因素是多方面的，多种因素的交叉复合也多少会影响本研究结论的准确性，不足之处主要有以下几个方面：

(1) 在设计试验中对多因素交叉影响考虑不周，排除不够，需要不断积累经验，通过长期试验研究探知。

(2) 本书仅对圆柱螺旋叶片开展结构改进和UG参数优化研究是不够的，客观上由于炸药配方和性能要求的不同，螺旋的结构会有所差异，比如对圆锥单头螺旋叶片、双头螺旋叶片的研究未能涉及。

(3) 对螺旋叶片缺少科学的检测模块，其曲面有效性受到质疑，这需要协作单位和个人共同努力研究。

(4) 系统与叶片设计中其他学科设计的协同性考虑还不够，这将在以后的科研工作中加以解决。

(5) 螺旋叶片UG参数优化系统功能还有待完善，可以尝试增加专家决策，进而提高系统的安全性与稳定性。

(6) 建立的螺旋叶片UG加工数据库要素不够多，也不够全，仅对主要的因素开展研究显然是不够的，要在以后的工作中加大对数据的收集和整理工作。

基于目前我国的民爆机械技术较为落后[67]，本书将UG参数化研究引入到民爆机械设计和制造中的做法是积极的，其技术是可行的。随着世界一体化和竞争日益加剧，提高民爆机械的整体制造水平，是发展的大趋势。民爆机械也必将走向全球化、网络化，所以建立大而全的参数化设计和优选数据库，实现共享资源的平台，在不久的将来就会呈现在我们面前。

参 考 文 献

[1] 周钢年，李会春，伍文杰. RY6Ⅱ自动装药机的改进及应用[J]. 爆破器材，2006，36(1)：26-27.

[2] 中国力学学会工程爆破专业委员会. 爆破工程[M]. 北京：冶金工业出版社，1992：3-20.

[3] 王肇中，汪旭光，康延璋，等. 粉状乳化炸药粒度对其爆轰性能的影响[J]. 工程爆破，2005(9)：72-74.

[4] 陈之林. 乳化炸药装药机推药螺旋及叶片数控铣削参数优化研究[J]. 矿山机械，2012(2)：35-36.

[5] 冯长根. 热爆炸理论[M]. 北京：国防工业出版社，1991：155-158.

[6] 郑功万，胡晨涛，邹招保，等. M型乳化炸药混装系统技术在德兴铜矿的应用[J]. 矿冶，2005(2)：5-7.

[7] 许建刚，贾海亮，原海青，等. 全自动装药机在胶状乳化炸药生产线的应用[J]. 工程爆破，2011(2)：76-77.

[8] 乳化炸药：GB 18095—2000[S]. 北京：中国标准出版社，2000.

[9] 小直径药卷炸药技术条件：MT/T 931—2005[S]. 北京：中国标准出版社，2005.

[10] 陈志明. 固体(粉状)乳化炸药鉴定材料[R]. 淮北：煤炭科学研究总院爆破技术研究所，1993.

[11] 栗峰雷. 粉状乳化炸药成粉工艺再探[J]. 煤矿爆破，2005(9)：19-20.

[12] 张春元. 我国乳化炸药与引进自动装药机"技术对接"述评[J]. 爆破器材，2007，31(3)：7-8.

[13] 仲峰，李宏兵，金捷. EL20-1型装药机在连续乳化炸药生产线中的应用[J]. 爆破器材，2008，37(6)：35-37.

[14] 张臣，周来水，余湛悦，等. 基于仿真数据的数控铣削加工多目标变参数优化[J]. 计算机辅助设计与图形学学报，2005(5)：1041-1042.

[15] 余晶. 基于CAD模型的特征参数化定义的方法[J]. 计算机辅助设计，1998(10)：34-35.

[16] 张峰，李兆前，黄传真，等. 参数化设计的研究现状与发展趋势[J]. 机械工程师，2002(1)：13-14.

[17] Sutherland I E, Sketchpad. A manmachine graphical communication system[J]. MIT,

1963:34-38.

[18] Robert Light, David Gossard. Modification of geometric models through variational geometry[J]. Computer Aided Design, 1982, 14(4):209-214.

[19] Aldefeld B. Variation of geometric based on a geometric reasoning method[J]. Computer Aided Design, 1988, 20(3):117-126.

[20] 张国伟,秦士存,俞新陆. 以尺寸驱动为核心的参数化图形库管理系统的设计[J]. 机械设计与研究,1998(2):23-25.

[21] 董金祥,葛建新. 变参绘图系统中约束求解的新思路[J]. 计算机辅助设计与图形学学报,1997,9(6):513-519.

[22] 吕有界,王玉兴,唐艳芹,等. 仿生曲面在螺旋柱螺旋叶片上的应用研究[J]. 农业工程学报,2007,23(4):134-135.

[23] 孟祥旭,汪嘉业,刘慎权. 基于有向超图的参数化表示模型及其实现[J]. 计算机学报,1997,20(11):982-988.

[24] 周丰旭,李耀明,徐立章,等. 基于 UG 的风筛式清选装置参数化系统二次开发[J]. 机械设计与制造,2011(1):94-95.

[25] 丁柱,刘其洪,黄建行,等. 基于 UG 二次开发的鞋楦参数化设计[J]. 科学技术与工程,2011(5):3214-2315.

[26] 李清. 虚拟数控铣床加工过程仿真系统及其相关技术的研究[D]. 天津:天津大学,2004:17-19.

[27] 胡云. 基于 QPSO 的数控加工切削参数优化[J]. 机械制造与自动化,2010,39(1):135-136.

[28] 蔡安江,姚艳,郭师虹,等. 基于 BP 神经网络的数控加工铣削参数优化[J]. 模具工业,2010,36(9):26-27.

[29] Chmad W, Bosuk Y, Hantian. Combination of independent component analysis and support vector machines for intelligent faults diagnorsis of induction motors[J]. Expert Systems with Applications, 2007(32):299-312.

[30] 陈之林. 乳化炸药装药机螺旋叶片基于 UG 参数化设计研究[J]. 宿州学院学报,2011(11):57-58.

[31] 徐余伟. 螺旋输送机设计参数的选择和确定[J]. 面粉通讯,2008(5):21-22.

[32] 智艾娣,蒋胜利. CAD 参数化设计在螺旋输送机中的应用[J]. 煤矿机械,2006,27(6):996-997.

[33] 崔虹雯,等. 机械制造基础[M]. 北京:中央广播电视大学出版社,2006: 138-140.

[34] 许锋,郑敏利,姜彬. 基于遗传算法的高速铣削参数优化系统[J]. 哈尔滨理工大学学报,2007,12(5):39-40.

[35] 倪欧琪,张兴明,王泽山. 煤矿许用粉状乳化炸药安全性研究[J]. 中国煤炭工业,2007(11):34-36.

[36] 栗峰雷. 粉状乳化炸药鉴定材料[R]. 淮北:煤炭科学研究总院爆破技术研究所,

2003:33-34.

[37] 熊立武,倪欧琪,欧飞能.粉状乳化炸药的生产工艺:CN101318867[P].2008-12-10.

[38] 倪欧琪,张兴明,唐双凌,等,粉状乳化炸药及其制备方法:CN1765853[P].2006-05-03.

[39] 马平,王尹军,康廷璋,等.机械制粉工艺粉状乳化炸药防结块研究[J].爆破器材,2009,38(1):2-3.

[40] 倪欧琪.粉状乳化炸药安全性能研究[J].爆破器材,1997,26(6):32-33.

[41] 廖寄乔.粉体材料科学与工程试验技术原理及应用[M].长沙:中南大学出版社,2001:121-125.

[42] 杨民刚.静压力对乳化炸药性能影响的试验研究[J].爆破器材,1994,23(2):42-43.

[43] 坂下摄.实用粉体技术[M].李克永,杨伦,侯廷久,译.北京:中国建筑工业出版社,1983:133-150.

[44] 张德明,王新民,郑晶晶.基于模糊综合评判的矿岩体可爆性分级[J].爆破,2010(4):22-23.

[45] 向东枝,徐余伟.螺旋输送机设计参数的选择和确定[J].水泥技术,2010(1):29-30.

[46] 吕阳滨,张琪,唐利利.螺旋输送装置叶片的制造及成型工艺[J].林业机械与木工设备,2009,37(8):50-51.

[47] 叶新.机械压力机参数化设计的研究[J].中国新技术新产品,2010(13):155-156.

[48] 董玉德.基于约束参数化的设计技术研究现状分析[J].中国图像图形学报,2002,6(6):532-537.

[49] 董新华,王庆明,林海龙.基于数据库的UG参数化设计方法探讨[J].制造技术与机床,2010(2):112-113.

[50] 齐从谦,崔琼瑶.基于参数化技术的CAD创新设计方法研究[J].中国机械工程,2003,14(8):681-683.

[51] 李建康,何雪明,陈周.基于UG的复杂零件参数化分步建模及完整约束方法[J].江南大学学报:自然科学版,2009,8(2):182-183.

[52] Bricknell D J. Marine Gas Turbine Propulsion System Ap-plications[R]. ASME GT2006-9075 1, 2006.

[53] Bonafede A, Russom D, Driscoll M. Common Threads for Marine Gas Turbine Engines in US Navy Applications[R]. ASME GT2007-28217, 2007.

[54] 王宁,禹仁贵.非均匀有理B样条曲线的快速实现[J].菏泽学院学报,2009,31(2):59-60.

[55] 任腊春,张礼达.基于UG的风力机叶片参数化建模方法研究[J].机械设计与制造,2008(5):59-60.

[56] Branch D, Wainwright J. Development and Qualification ofthe Maline Trent M130 for Next Generation Naval Plat. forms[R]. ASME GI2007-27511, 2007.

[57] Sugimoto T, Miyaji H, Sano H. Development of Japanese Super Marine Gas Turbine

[R]. ASME GT2005-68447, 2005.

[58] Sidenstick D, MeAndrews G, Tanwar R, et a1. Development, Testing, and Qualification of the Marine LM6000 Gas Turbine[R]. ASME GT2006-90709, 2006.

[59] 孙军,赵小庆,王军,等. 面向 STEP-NC 铣削加工参数优化[J]. 沈阳建筑大学学报(自然科学版),2008,24(2):321-322.

[60] 陈之林. 乳化炸药装药机推药螺旋及叶片数控铣削参数优化研究[J]. 矿山机械,2012(2):40-41.

[61] 王太勇,汪文津,范胜波. 基于自适应遗传算法的数控铣削过程参数优化仿真[J]. 制造业自动化,2004,26(8):29-30.

[62] 孙全玲,胡平, 路金桂. 基于神经网络和遗传算法的优化设计方法[J]. 计算机应用,2003(10):97-99.

[63] 姜彬,郑敏丽,徐鹿梅. 数控铣削用量多目标优化[J]. 哈尔滨理工大学学报, 2002(3):47-49.

[64] 杜建峰. 基于 UG 的摊铺机螺旋叶片参数化设计[D]. 南京:江苏大学,2007:24-26.

[65] Johanna Senatore, Frederic Monies, Jean-Max Redonnet. Improved positioning for side milling of ruled surfaces. Analysis of the rotation axis's influence on machining error[J]. International Joural of Machine Tools & Manufacture, 2007(47):934-945.

[66] 许锋. 基于遗传算法的高速铣削参数优化系统的研究[D]. 哈尔滨:哈尔滨理工大学,2007:42-43.

[67] 孙小刚. 基于遗传算法的数控铣加工切削参数优化及仿真研究[D]. 西安:西南交通大学,2008:21-22.